Lucí Hidalgo Nunes

Urbanização e desastres naturais

abrangência América do Sul

Conselho editorial Cylon Gonçalves da Silva; Doris C. C. K. Kowaltowski;
José Galizia Tundisi; Luis Enrique Sánchez;
Paulo Helene; Rozely Ferreira dos Santos;
Teresa Gallotti Florenzano

Capa e projeto gráfico Malu Vallim
Diagramação Alexandre Babadobulos
Foto capa Claudio Núñez - "2010 Chile earthquake - building destroyed in
Concepción" via Wikimedia Commons. CC BY-SA 2.0.
Preparação de textos Maria Rosa Carnicelli Kushnir
Revisão de textos Carolina Messias
Impressão e acabamento Vida & Consciência

Dados Internacionais de Catalogação na Publicação (CIP)
(Câmara Brasileira do Livro, SP, Brasil)

Nunes, Lucí Hidalgo
    Urbanização e desastres naturais / Lucí Hidalgo
Nunes. -- São Paulo : Oficina de Textos, 2015.

Bibliografia.
ISBN 978-85-7975-179-0

    1. Ciências ambientais 2. Desastres naturais
3. Geociências 4. Impacto ambiental 5. Meio ambiente
6. Problemas sociais 7. Urbanização - Aspectos
ambientais I. Título.

15-03335   CDD-553

        Índices para catálogo sistemático:
    1. Urbanização : Desastres naturais : Geociências
    553

Todos os direitos reservados à **Editora Oficina de Textos**
Rua Cubatão, 959
CEP 04013-043   São Paulo SP
tel. (11) 3085-7933   fax (11) 3083-0849
www.ofitexto.com.br
atend@ofitexto.com.br

apresentação

Prof^a. Dr^a. Cleusa Aparecida Gonçalves Pereira Zamparoni
Universidade Federal de Mato Grosso (UFMT)

FOI COM GRANDE HONRA que recebi o convite da professora Lucí Hidalgo Nunes para escrever a apresentação do presente livro. Esta experiência me propiciou um reencontro com parte da minha própria trajetória acadêmica.

Conheci Lucí em 1995, durante a realização do meu mestrado junto à Universidade de São Paulo (USP), ela, na ocasião, já doutoranda. Continuamos mantendo contato e nos encontrando durante os simpósios de Climatologia Geográfica. No ano de 2009, fui aceita para realizar o meu estágio pós-doutoral sob sua orientação, no Departamento de Geografia do Instituto de Geociências da Unicamp, quando iniciei meus estudos com foco na temática dos desastres naturais. Foi um período fértil de aprendizado com frutíferas discussões e reflexões sob a orientação competente e segura da professora Lucí. Sua generosidade foi imensa em vários momentos acadêmicos e não acadêmicos, principalmente no tocante à disponibilização de todo o seu acervo bibliográfico, que muito me auxiliou no processo de conhecimento acerca de uma temática nova para mim até então. Ainda, realizamos juntas pesquisas de campo em Moçambique, na África Austral, no âmbito do projeto de pesquisa conjunto *Mudanças climáticas: mapeamento das áreas de risco a desastres naturais associados às instabilidades atmosféricas severas na Amazônia mato-grossense/Brasil e Moçambique/África*, que resultou na produção intitulada *Desastres naturais de origem atmosférica e seus impactos em Moçambique*, publicada em 2012 como capítulo do livro *Gestão de áreas de riscos e desastres ambientais*.

Sou extremamente grata à professora Lucí por diversos fatores, em especial, pelo privilégio de ler em primeira mão esta obra que agrega conhecimentos derivados de sua larga experiência e autoridade no trato com a temática dos desastres naturais. Sua produção de conhecimento prima por aliar a séria pesquisa teórica – que já é, em si, um grande mérito – às visitas aos locais afetados, objetivando compreender a percepção da população acerca desses eventos. Como não podia ser diferente, a forma e o conteúdo do livro, que está sendo socializado com a comunidade acadêmica de Geografia e de diversas áreas do conhecimento, expressam o comprometimento competente de Lucí Hidalgo Nunes com a produção científica. O assunto é bastante relevante, considerando que os desastres naturais também são frutos das desarticulações socioambientais da atualidade, no âmbito dos processos de urbanização e globalização.

Desse modo, esta obra é referência obrigatória do temário, posto que tem sua análise focada na avaliação dos desastres naturais ocorridos nas nações sul-americanas nos últimos 50 anos. O texto apresenta uma discussão teórica muito bem articulada, disponibilizando informações estatísticas derivadas de fontes confiáveis e dados sobre as tendências espaciais e temporais dos desastres naturais na América do Sul. Desejo a todos uma ótima e agradável leitura, ensejadora de reflexões e aprimoramento do conhecimento e concepções sobre a questão.

Cuiabá, agosto de 2014.

prefácio

EVENTOS FÍSICOS que concentram grande energia, como chuvas, ventos e terremotos, afligem constantemente parte cada vez maior da população humana. Não seria exagero afirmar que todos os seres humanos correm risco de serem vitimados por alguma calamidade ao longo de suas vidas, pois além de o mundo inteiro ser passível de registrar algum fenômeno que promova desastres, a mobilidade crescente das pessoas contribui para que mesmo aqueles que vivem em áreas menos suscetíveis possam estar no local errado, na hora errada. Além disso, as áreas e mesmo os tipos de risco têm aumentado sobremaneira.

Em todas as sociedades, independente do grau de desenvolvimento econômico, a preocupação com as consequências dramáticas advindas de práticas ambientais conhecidamente depredatórias não têm se consubstanciado em ações preparatórias para o enfrentamento dessas ocorrências e, assim, essas práticas se tornam elementos constitutivos de novas catástrofes: a eclosão da epidemia de ebola na África no ano de 2014 demonstra de forma incontestável esse fato.

Se argumentos como vingança divina ou da natureza, ou a imprevisibilidade dos fenômenos foram usados no passado para justificar a ausência de medidas eficazes e a continuidade de práticas que conduzem aos desastres, o crescimento das calamidades não pode mais ser ignorado.

A célere transformação dos espaços naturais em espaços produtivos uniformiza as pessoas e as nações, ignorando a riqueza conferida pela diversidade: em um mundo globalizado, comemos as mesmas coisas, assistimos aos mesmos programas e filmes, vestimos a mesma moda, ouvimos as mesmas músicas, temos as mesmas aspirações de vida e estamos igualmente expostos aos desastres naturais. Prevalecem as relações de competição em detrimento das de cooperação, e a responsabilidade global, que envolveria uma visão una dos direitos e obrigações em relação ao consumo, mobilidade e outros estilos da vida moderna, não tem espaço, pois a globalização orquestra as ações com base em condutas decididas longe dos locais afetados, desarticulando-os. Como a globalização se opera em nível planetário, seus efeitos atingem até mesmo as nações que comandam o processo de globalização, já que suas exigências modificam os espaços em velocidade muito mais rápida do que os processos físicos, sendo, destarte, elemento central no advento das catástrofes naturais, cada vez mais recorrentes no mundo inteiro.

Essa desarticulação ambiental, que se associa diretamente à condição de perigo, é elemento intrínseco da contemporaneidade, testemunho de que todos os componentes do modo de vida atual – inclusive a ciência – não estão constituídos para responder aos problemas reais que afligem as pessoas e seus espaços de vivência. Mesmo assim, a manutenção do protagonismo ou a busca de preponderância maior na globalização é incessante entre as nações, inclusive as sul-americanas, que jamais tendo alcançado posição de destaque em seus cinco séculos, anseiam por uma maior projeção em âmbito mundial, o que significa, no atual momento, ter algum comando na arena da globalização. As maneiras como a globalização e a urbanização contribuem para a desarticulação ambiental sem cooperar significativamente para uma maior projeção da América do Sul na arena global é o tema desta obra, com destaque para o período entre 1960 e 2009. Todavia, o quadro de desestruturação que emerge da análise reflete não cinco décadas, mas cinco séculos de transformação do ambiente físico e das relações sociais que se cristalizam nesses locais que, mesmo sendo o substrato físico, constituem-se em fonte de perigo permanente e crescente para a população.

sumário

introdução

Transformação é o traço mais característico do planeta, que ao longo de sua história apresentou atmosferas, formatos continentais, paisagens e formas de vida distintos dos atuais. Apenas a partir de um estágio recente de sua evolução, surgiram condições propícias para a existência do ser humano e demais formas de vida e processos físicos contemporâneos que, todavia, não serão eternos, tendo em vista os constantes rearranjos entre as infindáveis componentes do planeta.

Alguns desses arranjos apresentam temporalidade compatível com nossa percepção, mas outros acontecem em intervalos de tempo superiores à capacidade do ser humano em acompanhá-los. Certas condições se consubstanciam em situações tranquilas, sendo fontes de nossa admiração e inspiração, como a beleza de um pôr do sol ou de um arco-íris, enquanto outras são turbulentas e, ao menos em parte, imprevisíveis, podendo desarticular, temporária ou definitivamente, nossos modos de vida.

Estas últimas questões são o foco desta obra, que discute como a desarticulação socioespacial, que se opera em escala mundial, contribui para o advento dos desastres naturais. A análise é centrada nas nações sul-americanas, pois em poucos locais do mundo a relação urbanização-globalização-desastres naturais é tão direta.

O primeiro capítulo discute os desastres naturais como componentes da história humana e como contemporaneamente a urbanização e a globalização têm acelerado e ampliado seus registros. Nesse capítulo, são também apresentados alguns indutores de catástrofes naturais e as consequências associadas. O segundo capítulo apresenta um panorama das nações sul-americanas em termos de suas características físicas e da evolução dos processos de transformação do espaço, com ênfase na urbanização, e como as mudanças climáticas de origem antropogênica poderiam contribuir para o advento de mais catástrofes naturais. O terceiro capítulo analisa a evolução dos desastres hidrometeorológicos e climáticos, geofísicos e biológicos na América do

Sul entre 1960 e 2009, em termos das tendências entre os países e de suas evoluções temporais quanto ao número de ocorrências calamitosas, óbitos, afetados e prejuízos econômicos, e compara a situação dos países sul-americanos ao restante do mundo nos últimos anos. O capítulo final sintetiza a análise, evidenciando que a América do Sul tem se destacado nos últimos anos muito mais no registro de desastres do que em um maior protagonismo na arena globalizada. Nessa discussão, o peso dos megadesastres e a desarticulação socioespacial dos países emergem de maneira contumaz, mostrando que o pretenso desenvolvimento econômico das nações sul-americanas é efêmero, limitado e expõe ao perigo constantemente aquilo que essas e todas as nações possuem de mais precioso: a vida humana.

Os desastres naturais – condicionantes socioeconômicos e físicos

A HISTÓRIA DA HUMANIDADE pode ser contada de inúmeras formas: uma delas é como os seres humanos têm convivido com os desastres naturais. A incapacidade de compreender acontecimentos nefastos fez com que eles tenham sido associados às manifestações sobrenaturais relacionadas aos humores de divindades; nesse sentido, mitologias e folclores retratam essa relação, atribuindo aos eventos da natureza papel central. A ira dos deuses se associava aos episódios severos da natureza, mas algumas entidades se atrelavam, também, a outros aspectos do ambiente, aparecendo como entes graciosos e que se deslocavam com a leveza dos ventos mais calmos. Mesmo as religiões incorporaram inúmeros fenômenos atmosféricos em seus sistemas de crenças, numa tentativa de busca da compreensão das causas das intempéries (Bryant, 1997; Van Molle, 1993; Burroughs, 1997).

A história também é repleta de exemplos de grandes tragédias desencadeadas por eventos naturais, como a erupção do Vesúvio, que destruiu Pompeia e Herculano em 79 d.C., ou o terremoto seguido de *tsunami* em Lisboa, em 1755. Apesar disso, parte expressiva da população mundial continua a viver em áreas sujeitas a essas ocorrências: por exemplo, algumas das maiores cidades do mundo estão assentadas em área de risco de eventos sísmicos, como Cidade do México, Los Angeles, Tóquio ou Santiago do Chile.

A continuidade dessas ocorrências no auge do desenvolvimento científico-tecnológico evidencia a inabilidade crescente do ser humano em conviver com fenômenos que sempre aconteceram e o distanciamento entre as conquistas científicas e tecnológicas dos reais problemas que afligem a sociedade. Revela, ainda, a falta de sintonia entre a capacidade humana em promover alterações no planeta e sua habilidade em gerenciá-las.

Para alguns estudiosos, os desastres naturais se constituiriam em eventos danosos para os grupos humanos, mas cujas superações são possíveis, enquanto que as catástrofes naturais trariam consequências irreversíveis para os sistemas atingidos. Nesta obra, desastres, catástrofes e calamidades serão usados como sinônimos, sendo entendidos como uma construção social, produto da interação conflituosa entre uma organização social e processos naturais (como chuvas, ventos, terremotos), revelando desequilíbrio brusco e significativo entre as forças compreendidas pelo sistema natural, contrariamente às forças do sistema social (Gonçalves, 2003). Seus impactos dependem da vulnerabilidade da população, que é a capacidade de antecipar, fazer frente a, resistir e se recuperar de um impacto, esta última refletida pela resiliência, que é o nível de mudança que um sistema pode suportar sem alterar seu estado, revelando sua capacidade de se restabelecer e ainda melhorar sua reatividade perante ocorrências similares futuras. Os desastres representam forte modificação e, por vezes, ruptura das funcionalidades do território, sendo o ápice de um processo contínuo (Nunes, 2009b). Suas consequências negativas podem estar mais relacionadas às formas como acontece a ocupação do espaço pela sociedade do que à magnitude do fenômeno desencadeador.

O risco de desastres tem sido exacerbado por práticas que desconsideram as características físicas dos locais. Esses eventos constituem ameaça ao desenvolvimento real, tendo em vista que as perdas infligidas por eles podem comprometer esforços de décadas. Seus indutores naturais são de diversas naturezas, mas dois processos sociais contemporâneos se destacam quanto as suas capacidades em alterar rapidamente o ambiente natural: a urbanização e a globalização.

1.1 Urbanização e globalização na desarticulação socioambiental contemporânea

A cidade revela as maneiras pelas quais a sociedade se organiza no território, constituindo-se na maior modificação do ambiente natural. Como essa alteração tem sido mais veloz do que a dinâmica dos processos físicos, ela contribui fortemente para criar e ampliar os riscos que, em numerosas situações, se transformam em desastres.

Por sua vez, na era da globalização, a habilidade de adaptação dos espaços produtivos às demandas supranacionais ocorre, muitas vezes, sem comprometimento com a escala local, onde as pessoas vivem e realizam suas atividades. Esse processo transforma os espaços de forma aguda e contribui para o aumento dos riscos pré-existentes e para o surgimento de novos.

Ainda que a globalização transforme o ambiente em mercadoria agregadora de valor (Santos; Silveira, 2003), a relação entre globalização, urbanização e ambiente é conturbada e desigual, com desconsideração total ou parcial das características e dos ritmos dos processos físicos, com profundas implicações na suscetibilidade dos lugares e na vulnerabilidade das pessoas.

As cidades apresentam ecossistemas diversos, mas as funções ecológicas dos centros urbanos estão cada vez mais relegadas a planos secundários (www.thenatureofcities.com), sendo que esse aspecto se associa diretamente à produção do risco – uma construção social, multifatorial, multiescalar e dinâmica, na qual a marca da globalização está cada vez mais presente, pois o preço das *commodities* internacionais, o desmatamento e a incorporação de novas terras no espaço urbano são processos decididos fora dos espaços nos quais a degradação se efetua (Lavell et al., 2012).

A expansão dos centros urbanos, determinada pela demanda de áreas e pelas restrições políticas que direcionam o uso da terra, está fortemente associada à vulnerabilidade da população, pois em muitos casos esse avanço se dá em direção a ambientes frágeis, como florestas, encostas e mananciais. Além disso, esse avanço torna os deslocamentos da população mais longos, causa maior poluição e consumo de energia e contribui para as heterogeneidades intraurbanas, com áreas insuficientemente integradas. Desigualdades e desarranjos são fatores que pesam de maneira negativa quando ocorre algum desastre, pois os lugares não são equipados da mesma maneira, nem as pessoas têm a mesma ideia de como agir e a quem recorrer caso aconteça alguma catástrofe. Além disso, características intrínsecas dos centros urbanos, como concentração populacional e de aparatos, mobilidade e crescimento desiguais, também concorrem para o aumento das catástrofes naturais e da vulnerabilidade da população.

As cidades desempenham papel central nas decisões que comandam a globalização, hodiernamente dirigida pelos mercados financeiros e pela proliferação de serviços corporativos altamente especializados, em substituição ao fluxo de matérias-primas e de produtos agrícolas. Centradas nas cidades, as conexões se operam entre locais distantes, mas altamente conectados, o que implica rearranjos espaciais, com polarização das atividades decisórias e novas articulações e possibilidades no espaço geográfico e nas condições de vida e de trabalho das pessoas desses e de outros centros.

Porém, a economia globalizada é sujeita a crises que, de tempos em tempos, afetam o mundo todo – em especial, as nações que não lideram o processo da globalização, ainda que o integrem. Mesmo considerando as crises mundiais que emergem das nações centrais, como a de 2008, iniciada nos Estados Unidos, a extrema dependência dos países periféricos em relação a esses centros os conduzem a consequências devastadoras e de superação muito mais dificultosa do que nos países onde a crise se inicia, com cortes que invariavelmente se dão na área social, inclusive na segurança ante fenômenos naturais, que podem se tornar desastres.

Competição, inserção e mudança são elementos caracterizadores da globalização, mas em espaços pouco estruturados se tornam condutores dos desastres naturais: é o caso das nações sul-americanas, tendo em vista que suas economias estão fortemente integradas ao mercado globalizado, que, assim, comanda a dinâmica de alteração de seus espaços produtivos. Uma vez que as cidades agregam população e atividades, qualquer impacto tem potencial de afetar grande número de pessoas, em especial onde a urbanização se opera de forma célere e associada a elevados índices de pobreza, baixos níveis de escolaridade, degradação do meio ambiente, falta de infraestrutura básica e políticas públicas ineficientes. Com isso, os desastres naturais não são um problema da natureza *per se*, mas da relação entre o meio natural e a (des)organização e (des)estruturação da sociedade no território (La Red, 1993). Tampouco são meramente conjunturais ou excepcionais, pois refletem as formas como a sociedade se organiza no substrato físico e o tipo de (pretenso) desenvolvimento, que somente visa o atendimento de demandas externas, sem considerar os custos socioambientais das transformações do espaço (Nunes, 2009b).

1.2 INDUTORES DAS CATÁSTROFES NATURAIS E SUAS CONSEQUÊNCIAS

Os desastres naturais resultam dos impactos na população humana deflagrados por um evento físico ou *hazard* (excesso ou deficiência de chuva, ventos fortes, erupções vulcânicas, terremoto etc.). Ainda que distintos, tais fenômenos apresentam características comuns: são bastante energéticos, o que faz com que eles tenham potencial para afetar fortemente os locais; ocorrem naturalmente, sendo, portanto, componentes da dinâmica evolutiva planetária; e apresentam ampla gama de situações de variabilidade natural.

A seguir são apresentadas as principais características dos eventos naturais desencadeadores dos desastres e, na sequência, algumas respostas a eles que, atingindo a população humana, se configuram como desastres naturais.

1.2.1 OS HAZARDS
Extremos de temperatura

O entendimento de extremos positivos de temperatura não é universal; em alguns locais, eles são definidos como temperaturas que apresentam 10 °C, ou mais, acima da média do local por uma sequência de dias; em outros, esse limiar é definido como sequência de pelo menos três dias nos quais as temperaturas noturnas são superiores a 20 °C, e as diurnas, acima de 33 °C. Tais condições são, em geral, acompanhadas da diminuição da umidade do ar e acarretam situações de tempo bastante perigosas, pois podem provocar incêndios e doenças diversas na população.

A presença de materiais urbanos que tendem a absorver energia, configurando as ilhas de calor, contribui para o aumento das temperaturas nos locais de maior concentração de pessoas e aparatos urbanos. Em muitos casos, a urbanização se associa à remoção de vegetação, diminuindo a umidade do ar e gerando diversos desconfortos e doenças que acometem parcela expressiva da população dos centros urbanos.

A definição de extremos negativos de temperatura é mais subjetiva, pois enquanto em alguns locais eles são entendidos como aqueles abaixo do ponto de congelamento por um período de alguns dias, em geral acompanhados por nevascas, esse critério não se aplica aos setores mais tropicais que, não obstante, podem experimentar períodos de dias bastante frios em relação ao padrão do local. Temperaturas muito baixas também se associam à proliferação de doenças, como gripes.

Tempestades

Entre as mais violentas manifestações da natureza, as tempestades ocorrem em qualquer regime climático e período do ano, podendo ser ocasionadas por diferentes fenômenos, como furacões, tornados, encontro de sistemas atmosféricos diferenciados etc. Seus registros acarretam, via de regra, graves consequências, estando muitas vezes associados a ventos fortes, neve, descargas elétricas movimentos de massa e inundações.

Destacam-se em relação aos outros tipos de *hazard*, por ser mais comuns e por apresentar certo grau de previsibilidade.

Abalos sísmicos

Ocorrem quando a energia contida nas rochas é rompida por uma força capaz de liberá-la ao longo de fraturas, em geral a partir do movimento das placas tectônicas: os menores são chamados de abalos ou tremores; já os terremotos podem acontecer no contato entre as placas ou no interior delas. O local em que se inicia a liberação das tensões acumuladas é o hipocentro ou foco, já a sua projeção na superfície é o epicentro. A distância entre foco e a superfície é a profundidade focal (Teixeira et al., 2000), que pode fazer grande diferença quanto aos impactos do abalo sísmico.

O movimento das placas não é contínuo, mas acontece em pulsos (Nott, 2006) e a energia é irradiada na forma de ondas sísmicas, de maneira que seus efeitos podem se estender muito além do local de origem do tremor. O mais forte é sucedido por abalos secundários, com diferentes intensidades, que podem ocorrer por vários dias.

Diferentemente do senso comum, nenhum local do planeta está livre de registrar tremores; porém, 95% acontecem nos cinturões sísmicos, onde ocorre a movimentação das placas (Wicander; Monroe, 2009).

Estando entre os fenômenos mais destrutivos por concentrarem enorme energia, os abalos sísmicos ainda não podem ser previstos com antecedência, o que gera grande número de vítimas e vultosos prejuízos.

A magnitude dos terremotos é verificada por meio da escala Richter, que mede a quantidade de energia liberada em sua fonte. Wicander e Monroe (2009) assinalaram que esta é uma escala sem limites, mas eventos acima do nível 9 seriam altamente improváveis, tendo em vista que a capacidade das rochas em armazenar energia é limitada. Entretanto, eventos de tal magnitude já ocorreram, conforme pode ser atestado por informações constantes no sítio do Serviço Geológico Americano (USGS, s.d.): em 22 de maio de 1960, o mais forte terremoto do qual se tem conhecimento (9,5 na escala Richter) sacudiu a costa chilena; em 13 de agosto de 1868, a cidade de Arica (na ocasião Peru, atualmente, Chile) registrou um forte evento, mais tarde classificado como 9,0 na mesma escala (USGS, s.d.).

Vulcanismo

Ainda que o número de vítimas provocadas pelas erupções vulcânicas seja muito inferior àquele produzido por abalos sísmicos, também nesse caso erros de julgamentos e de estratégias fazem com que haja vítimas que poderiam ser evitadas. Além disso, as perdas econômicas provocadas por erupções vulcânicas podem ser totalmente irrecuperáveis, diferentemente daquelas promovidas por inundações, por exemplo. Erupções vulcânicas estão no rol dos eventos catastróficos que podem causar isolamento das vítimas e que são recorrentes, ou seja: voltarão a acontecer no mesmo local.

Mesmo com os progressos operados nos últimos anos, uma interpretação segura dos sinais de erupção iminente pode não ser tão fácil, já que não existe um padrão geral.

A distribuição geográfica dos vulcões atuais e extintos coincide com as faixas orogenéticas modernas. O setor Pacífico da América do Sul está no chamado Círculo do Fogo, e, devido ao fato de os Andes serem uma zona de notáveis deformações tectônicas, as manifestações vulcânicas tendem a ser do tipo explosivo (Leinz; Amaral, 1978).

As erupções vulcânicas estão associadas a uma série de consequências para o clima, que pela dinâmica da atmosfera não ficam confinadas somente às proximidades do vulcão. Exemplos disso são dois casos recentes, amplamente divulgados pela mídia: as erupções do vulcão Eyjafjallajökull, na Islândia, em abril de 2010, e a do vulcão Puyehue-Cordón Caulle, no Chile, em junho de 2011: ambas lançaram na atmosfera milhões de metros cúbicos de material e gases que se espalharam rapidamente, provocando grandes transtornos na aviação.

Grandes erupções vulcânicas também diminuem a chegada de radiação solar direta, visto que a atmosfera fica mais turva e, com isso, a temperatura tende a diminuir nas semanas e até meses seguintes. Esse fato foi verificado em vários locais do mundo após a erupção do Pinatubo, nas Filipinas, em 1991, com seus efeitos sendo notados por muito tempo. Estudos relacionam como efeito indireto a diminuição na camada de ozônio estratosférico, o que estaria associado ao fato de que as partículas geradas pelas erupções favoreceriam determinadas reações químicas (San Diego State University, s.d.).

1.2.2 Os impactos dos hazards

Secas

Enquanto a aridez é feição permanente de alguns climas, a seca é parte do ritmo climático de qualquer área, refletindo condições físicas específicas que acontecem periodicamente. Reflexo da redução da precipitação em dado lugar em certo período, ela pode ser influenciada e agravada por outros fatores físicos, como temperatura ou ventos. Ao longo de um período, a magnitude e área afetada pela aridez podem se alterar.

Conforme alerta Wilhite (1996, 2005), a seca difere de outros fenômenos que geram desastres naturais de várias maneiras: seus inícios e términos são difíceis de precisar e são menos óbvios, seus efeitos se acumulam lentamente ao longo de um período estendido, em geral afetam área bem maior do que outros fenômenos deflagradores e não geram dano estrutural. Para o autor, tais fatos fazem com que a quantificação de seus impactos e a assistência aos atingidos sejam mais dificultosas.

Citando Robinson (1993), Nott (2006) lembra que a seca (*drought*) se constitui em uma das quatro classes relacionadas à escassez de água, sendo as outras: aridez (*aridity* – permanente diminuição de água devido a um clima seco); dessecação (*desiccation* – ressecamento do ambiente, em especial do solo, provocado por atividades como desmatamento ou intensificação do uso agrícola) e estresse de água (*water stress* – causado pela maior necessidade de abastecimento de água pelas pessoas).

Outra classificação relativa à escassez da água é seu agrupamento em seca meteorológica, cujos elementos-chave são intensidade e duração; hidrológica, associada aos efeitos das precipitações deficientes na superfície e subsuperfície; agrícola, que relaciona as questões meteorológicas e os impactos na agricultura considerando, assim, as necessidades das culturas e as características dos solos; e socioeconômica, conectada com o suprimento e demanda de água para as diversas atividades.

Incêndios

Incêndios acontecem quando, a partir de uma temperatura suficientemente elevada, o oxigênio se combina com substâncias que causam combustão, envolvendo tanto transferência de calor como dinâmica de fluidos.

Algumas condições de tempo podem contribuir para que eles se transformem em grandes calamidades, como em épocas de secas ou ventos fortes e domínio de altas pressões, quando o tempo é mais estável e a ausência de nuvens favorece a chegada de radiação, que, por seu turno, aumenta a temperatura em alguns períodos do dia (Coen, 2003) além de promover situação de grande estabilidade atmosférica. Tais aspectos contribuem para o início, disseminação e maior duração dos incêndios.

Eles liberam enorme quantidade de energia para a atmosfera, além de fumaça, aerossóis e gases diversos, e, como os demais eventos hidrometeorológicos e climáticos, apresentam sazonalidade. Aspectos inerentes ao local, como topografia, também exercem influência nos incêndios. A maioria desses acontecimentos é causada pelo homem, especialmente para limpar áreas para a agricultura – fato bastante comum em diversos países da América do Sul, mas que pode tornar os incêndios incontroláveis em alguns momentos, ameaçando, também, áreas urbanas. Outra causa desses eventos são os raios.

Ainda que os incêndios desempenhem papel relevante na evolução das paisagens, eles podem afetar de forma severa áreas mais densas, especialmente em locais de clima mediterrânico, nos quais o verão é mais seco, o que cria condições muito favoráveis para incêndios. Além das perdas diretas pelo fogo, a fumaça, que pode perdurar por bastante tempo, traz problemas para a saúde, especialmente para as crianças e os idosos.

Inundações

Inundações são determinadas por combinações de feições atmosféricas, topografia, características das bacias hidrográficas e uso da terra, aspectos que se alteram em importância ao longo do tempo, dado o dinamismo dos elementos físicos e, principalmente, da sociedade. Não obstante, Beyer (1974), Smith (2006), Park (1993) e Doswell III (2003) alertam que praticamente nenhum lugar está totalmente a salvo do registro de inundações e que áreas que apresentam maior risco não deveriam ser ocupadas.

As inundações se associam a grandes perdas econômicas, mas também a fome, doenças e óbitos, por dificultarem ou até impossibilitarem práticas agrícolas e favorecerem a proliferação de vetores transmissores de enfermidades, como a dengue. Casos de gripe e pneumonia igualmente podem ser ampliados.

Nas últimas duas décadas, de cada cinco desastres naturais no mundo dois foram inundações; elas responderam por 56% dos afetados, ocupando a quarta posição em vítimas fatais e a terceira em prejuízos econômicos (Cred, 2013b).

Apesar da severidade das consequências, muitos locais em que elas ocorrem rotineiramente não têm verificado aumento proporcional de precipitações, o que expõe o fato de que as mudanças no ambiente impressas pelas atividades humanas têm contribuído sobremaneira para a maior frequência e magnitude dos eventos, bem como prejuízos associados (Tobin; Montz, 1997; Pielke Jr.; Downton, 2000).

Doswell III (2003) sublinha que a energia que movimenta a água pode alcançar valores que correspondem ao quadrado de sua velocidade de avanço; assim, quando a velocidade dobra, a energia associada aumenta quatro vezes. Como muito material pode ser levado pela fantástica energia das águas em rápido movimento, a destruição é devastadora.

Nos centros urbanos, a substituição de vegetação por materiais impermeáveis, infraestruturas de drenagem insuficientes, ineficientes ou mesmo inexistentes e a canalização de rios, que tende a diminuir sua capacidade de carreamento de materiais, são fortes contribuintes para as inundações. As mais problemáticas são as bruscas (*flash floods*), que se associam aos eventos de grande intensidade. A velocidade desses eventos aliada à absorção rápida da água, que gera alta energia dos fluxos de água, pode resultar em catástrofes (Nott, 2006). Porém, outros tipos de inundação podem ser ocasionados por chuvas contínuas e prolongadas em conjunto com frentes frias ou ciclones, e grandes tragédias estão associadas ao rompimento de barragens, quando os volumes de precipitação são maiores do que a capacidade dessas estruturas, caso elas tenham sido mal projetadas ou afetadas por fenômenos como terremotos.

Movimentos de massa

Acontecem quando a tensão de cisalhamento (força que promove o movimento nas encostas) é excedida, de modo que material intemperizado ou não é conduzido abaixo, envolvendo massas de solo e, eventualmente, material rochoso. Os movimentos de massas podem ser secos ou úmidos, englobando quedas de blocos, deslizamentos, rastejos, avalanches e subsidências.

São processos comuns associados aos taludes naturais induzidos pela ação da gravidade e da água, podendo deslocar quantidade imensa de material. Podem também ter por contribuintes diversas ações humanas que alteram o equilíbrio instável das encostas.

Assim como outros fenômenos, os movimentos de massa dão sinais de sua iminência, como trincas no solo e na parede das casas, o que pode colaborar para a remoção de pessoas, evitando mal maior. Contudo, não é raro que eles aconteçam com grande velocidade e carreguem enorme quantidade de material, o que diminui sua previsibilidade e os tornam altamente destrutivos.

A ocupação desenfreada de encostas, que alteram esses locais de baixo limiar de estabilidade, especialmente em meio tropical úmido, é forte contribuinte para o advento de movimentos de massa. Eles têm sido bastante frequentes no mundo inteiro, o que pode se relacionar muito mais com a ocupação desregrada de áreas de risco e diversas ações humanas – entre elas, lançamento e concentração de águas pluviais, vazamentos na rede de água, declividades excessivas em cortes, em geral mal feitos, aterros executados de forma imprópria e remoção de vegetação, às vezes com substituição de espécies inadequadas nas encostas – do que com as precipitações, que, por isso, não podem ser chamadas de causadoras, sendo meramente deflagradoras dessas ocorrências.

Epidemias

Referem-se ao aumento de casos de uma doença já existente em uma dada área ou seu surgimento em local em que ela não ocorre usualmente. Elas se espalham com rapidez e afetam muitas pessoas simultaneamente, sendo que condições de pobreza, alta densidade demográfica, baixos indicadores de saúde e incapacidade institucional crônica se relacionam diretamente ao seu advento e às suas consequências. A expansão urbana em áreas que até um passado próximo eram ambientes naturais contribui para epidemias e até pandemias, como no caso do ebola no continente africano.

Determinadas situações atmosféricas favorecem a disseminação de doenças e contribuem para que elas perdurem por mais tempo e atinjam mais pessoas. Além disso, em muitos casos, as epidemias sucedem uma catástrofe geofísica, climática ou hidrometeorológica, ainda que Watson, Gayer e Connolly (2007) alertem que o fator de risco de epidemias se associa ao tamanho e característica da população deslocada depois de uma calamidade e não propriamente ao caos após a catástrofe. Disponibilidade de água e saneamento, densidade das aglomerações, condição de saúde da população e qualidade de serviços emergenciais se relacionam linearmente ao advento ou não das epidemias, bem como à sua intensidade e duração.

Cólera, febre hemorrágica, diarreias, febre amarela, febre tifoide, hepatites, leptospirose, meningite, infecção respiratória aguda, malária, dengue, tétano, ebola e gripes são doenças que podem evoluir para epidemias relacionadas aos desastres naturais. Alguns casos de epidemias estão entre as maiores calamidades em algumas nações, como a de meningite no Brasil, em 1974, cujas repercussões podem ter sido agravadas pela Ditadura Militar, que tentou encobrir a gravidade do caso censurando qualquer menção à doença nos meios de comunicação, ou mesmo a de dengue, que vem atingindo duramente o Brasil e vários outros na América do Sul.

dois

A América do Sul em perspectiva

Nas últimas décadas, grandes transformações se operaram nas nações sul-americanas, como a transferência da população para as cidades em velocidade maior do que os serviços de infraestrutura conseguiram acompanhar, afetando os ambientes de maneira profunda e contribuindo para o aumento de desastres naturais.

A seguir, é apresentado um panorama das características físicas e das transformações socioambientais da América do Sul e de que forma elas se atrelam ao advento das catástrofes naturais.

2.1 O ambiente natural da América do Sul

A América do Sul engloba os seguintes países: Argentina, Bolívia, Brasil, Chile, Colômbia, Equador, Guiana, Paraguai, Peru, Uruguai, Venezuela e Suriname. Os seguintes territórios também fazem parte desse subcontinente: a Guiana Francesa, departamento ultramarino da França, não sendo, dessa forma, uma nação independente; as Ilhas Malvinas, ou Falklands, e as Ilhas Geórgia do Sul e Sandwich do Sul, pertencentes à Grã-Bretanha, mas reivindicadas pela Argentina; e Aruba, Curaçao e Bonaire, ilhas autônomas. Todavia, nesta obra são discutidas e analisadas somente as informações de desastres naturais para as nações independentes e Guiana Francesa, pois a fonte de informações utilizadas para o levantamento dos desastres naturais abordados apresenta dados individualizados apenas para esses locais.

Ocupando aproximadamente 17.800.000 km^2, ou 12% da superfície terrestre, a América do Sul se estende entre 12°N e 55°S de latitude, o que perfaz cerca de 7.400 km a partir do mar do Caribe até o cabo Horn. Com tal extensão e localização, apresenta diferentes regimes climáticos e paisagens, além de enorme diversidade biológica e socioeconômica, o que lhe confere grandes potencialidades. É rica em minerais e tem grandes extensões de áreas agricultáveis, além de rios de diferentes dimensões e potenciais (irrigação, navegação, hidroeletricidade etc.).

A América do Sul apresenta variadas paisagens, com importantes cadeias montanhosas e vulcões ativos, além de altiplanos, planaltos e planícies. A biodiversidade é muito rica, com ambientes que vão de florestas tropicais exuberantes a desertos, apresentando, com isso, fauna igualmente bastante variada.

A orografia da América do Sul apresenta orientação predominante norte--sul, que divide a região em setores contrastantes, mas interdependentes. O setor ocidental é dominado pela cordilheira dos Andes, recobrindo mais de 7.000 km. Apresentando em alguns pontos picos que estão 6.500 m acima do nível do mar, lá se encontram vários vulcões. A deposição de material vulcânico em vales foi fundamental para o surgimento de povoados, tendo em vista os ricos solos (Unep, 2010). Esse é um fator que concorre para constante risco direto da população da região que se encontra permanentemente exposta.

No sudoeste da Bolívia e ao sul do Peru, há grande extensão de planaltos conhecidos como altiplanos. No Peru e na Argentina, estreitos, porém, profundos vales separam cadeias montanhosas – setores particularmente férteis e, assim, atrativos para a população, mesmo apresentando risco de desastres. Destacam-se, também, as terras altas dos maciços da Guiana e Brasileiro e o planalto da Patagônia. Os planaltos são mais elevados, mas menos amplos no caso das Guianas, enquanto que as terras altas do escudo brasileiro são paralelas à costa, estando, em alguns trechos, muito próximas do litoral.

A bacia Amazônica se destaca como grande extensão de terras baixas drenadas pelo rio Amazonas e afluentes. O rio Orinoco, mais ao norte, e a bacia do Paraguai-Paraná, mais ao sul, têm importante papel. Nas proximidades dos maiores rios, como Amazonas, Paraná e Orinoco, encontram-se deltas sedimentares com muitas ilhas, como a de Marajó, na foz do rio Amazonas, além de áreas de manguezais, baías, enseadas e depressões costeiras.

As costas pacífica – no setor ocidental – e atlântica – no flanco oriental – são áreas de grande importância socioeconômica e diversidade física, com praias arenosas, falésias, recifes, corais, mangues e, no extremo sul, geleiras, sendo que esses ambientes apresentam diferentes graus de degradação. Algumas das mais importantes cidades da América do Sul estão assentadas na costa ou distantes a menos de 100 km, como São Paulo, Buenos Aires, Montevideo e Lima.

Na vertente atlântica, a erosão das rochas graníticas produziram grandes quantidades de areia, que foram transportadas por rios até a costa, originando praias arenosas. Já na costa pacífica a evolução geológica é mais recente e, com isso, os depósitos arenosos são mais restritos. Tanto no setor oriental como no ocidental, há cadeias montanhosas próximas das costas, mas, na vertente atlântica, a plataforma continental é mais desenvolvida. As diferenças de profundidade no lado pacífico são consideráveis, de modo que os setores abissais ocorrem bem mais próximos da costa do que no lado atlântico, fato que favorece a ascensão das correntes frias próximas do litoral; assim, a produtividade pesqueira é bem mais importante no oceano Pacífico, cujas águas são também frias por causa da atuação da corrente de Humboldt, ou do Peru.

Em termos climáticos, a maior parte da América do Sul está na zona tropical, onde a radiação solar é alta ao longo do ano, com menores diferenças sazonais em relação a outros regimes climáticos e poucas alterações no fotoperíodo.

Muito mais do que a temperatura ou outro elemento do clima, é a precipitação que governa a produtividade biológica do sistema. Próximo ao Equador, o principal controle de grande escala é a Zona de Convergência Intertropical (ZCIT) – um setor de baixa pressão, constante nebulosidade e intensa precipitação para onde convergem os ventos alísios de ambos os hemisférios.

A circulação regional reflete o formato da América do Sul, suas condições de relevo, a presença dos centros anticiclonais e ciclonais e as condições oceânicas vizinhas, que influenciam a penetração dos sistemas tropicais e extratropicais, bem como a posição da ZCIT e da Zona de Convergência do Atlântico Sul e do Pacífico Sul. A cordilheira dos Andes se constitui na mais importante obstrução topográfica à circulação hemisférica das latitudes tropicais e subtropicais e o fato de as principais elevações se situarem na costa influencia a penetração dos sistemas atmosféricos e toda a circulação regional. Além disso, diferentemente das principais cadeias montanhosas europeias e asiáticas, a disposição das mais importantes orografias sul-americanas não é latitudinal, fato que traz implicações biogeográficas. O formato da América do Sul – mais largo nas baixas latitudes, onde também predominam maiores extensões de terras menos elevadas – é feição de relevância para entender a condição de escoamento e encontro de sistemas atmosféricos diferenciados, que induzem condições de tempo por vezes extremas.

Alguns setores ocidentais da América do Sul se constituem em exemplos didáticos de que a altitude suplanta a latitude como controle de grande escala desse elemento do clima, haja vista que as temperaturas são amenas considerando a proximidade com o equador geográfico, como é o caso de Quito, capital equatoriana. Não obstante, a pequena amplitude térmica anual indica que, mesmo minimizado, o efeito da latitude nas temperaturas permanece em setores próximos a 0° de latitude.

Na América do Sul, atuam tanto massas equatoriais e tropicais (Ea = Equatorial Atlântica; Ec = Equatorial Continental; Ep = Equatorial Pacífica; Ta = Tropical Atlântica; Tp = Tropical Pacífica; Tc = Tropical Continental) como extratropicais (Pp = Polar Pacífica e Pa = Polar Atlântica), com características de umidade, temperatura, mobilidade e estabilidade atmosférica distintas. De acordo com a época do ano, esses padrões também se diferenciam em termos de energia e, assim, deslocamento e permanência, fato que influencia todo o ecossistema e as atividades econômicas, podendo configurar diferentes graus de perigo face às catástrofes naturais: não é incomum que alguns sistemas que carregam bastante umidade se mantenham semiestacionários, provocando contrastes geográficos em termos de temperatura e precipitação, com excesso de umidade onde os sistemas permanecem por mais tempo e temperaturas mais elevadas e menor teor de umidade em outros locais, podendo acarretar inundações, movimentos de massa e secas, concomitantemente.

Nas áreas de baixa latitude, recobertas pela Floresta Amazônica, predomina a massa de ar equatorial marítima, ainda que alguns setores sejam mais frios graças à altitude elevada dos Andes; porém, conforme já exposto, mesmo nesses locais a variação diuturna e sazonal é pequena, característica das baixas latitudes. O clima tropical das terras baixas e dos planaltos menos elevados é sucedido por condições subtropicais e de médias latitudes. As diferenças sazonais aumentam a partir do equador geográfico, com alteração no período da estação chuvosa e na quantidade de precipitação, ambos diminuindo em direção ao Sul. Mais ao centro da América do Sul as diferenças sazonais são conferidas pelo domínio das massas tropicais marítimas ou continentais, o que determina o padrão de umidade. Ao sul do trópico de Capricórnio, por volta de 30° de latitude, a feição dominante é o cinturão de altas pressões subtropicais, sendo que no flanco ocidental, que corresponde ao setor de subsidência anticiclonal, prevalecem condições mais secas e de ventos mais fracos, com presença do deserto de Atacama. A corrente de Humboldt, no litoral pacífico, também é fator contribuinte para as condições de aridez, por inibir a convecção. O padrão de umidade de certas áreas se relaciona à migração da ZCIT, de forma que essas áreas estão sujeitas às secas nos períodos em que ela se encontra mais ao norte – problema particularmente sério no Nordeste brasileiro e ao norte das costas da Venezuela e da Colômbia.

Tanto a fase quente do fenômeno El Niño Oscilação Sul (Enos), El Niño, como a fria, La Niña, intervêm nas condições atmosféricas de diversas áreas da América do Sul. Em anos de El Niño, as águas do Pacífico se aquecem, o que interfere temporariamente nas condições de umidade e temperatura em muitas áreas tropicais. Em alguns anos, o episódio é mais forte, trazendo condições particularmente secas para setores do Peru, Equador e Norte e Nordeste do Brasil, e muito úmidas para partes da Argentina, Uruguai Paraguai e Sul do Brasil. Anos de La Niña tendem a registrar mais chuva no norte da América do Sul, mas montantes mais modestos ao sul, inclusive no verão. Episódios fortes desse fenômeno, em suas duas fases, impactam a dinâmica dos processos físicos e biológicos, comprometendo atividades como geração de energia hidrelétrica e agricultura, além de deflagrar problemas que acarretam grandes perdas e sofrimento para a população atingida.

Ao sul do trópico de Capricórnio dominam climas que vão do subtropical aos temperados. Em regiões do Chile, os montantes mais elevados de precipitação ocorrem no inverno, configurando clima do tipo mediterrânico, com chuvas comandadas por atividades ciclonais. Ao norte dessa zona e margeando a costa pacífica, estende-se uma área desértica, que segue até o norte do Equador. A corrente de Humboldt, que passa ao largo desse setor, concorre para que ela esteja entre as mais áridas do mundo.

Na América do Sul, 31% das terras são áridas a semiáridas, e 17%, semiáridas (Ribot, Najam e Watson, 1996). Os autores lembram que esses locais são marginalizados do ponto de vista geoclimatológico, econômico, político e social, e que as secas recorrentes têm sido associadas à falta de desenvolvimento dessas áreas, fato controverso, visto que outros setores do mundo com condições similares ou até mais inóspitas (partes de Israel, Espanha ou Estados Unidos) não apresentam o mesmo grau de diferenciação socioeconômica.

Condições semiúmidas a áridas dominam o flanco oriental ao sul dos Andes, mas na região dos Pampas e ao sul do planalto Brasileiro as condições são mais úmidas, particularmente nos meses de verão, quando uma série de fenômenos podem propiciar chuvas, como a ZCAS (Zona de Convergência do Atlântico Sul), os Complexos Convectivos de Mesoescala (CCM – uma banda de células de tempestade que apresenta aspecto circular e se movimenta em baixa velocidade, cobrindo área de até centenas de quilômetros, trazendo grande instabilidade), ou a passagem de frentes frias, que não chegam a ser incomuns nesses meses. As chuvas de inverno nesses setores estão fortemente associadas às frentes frias, que marcam o domínio das massas tropicais e a passagem das polares. Especialmente no outono e no inverno, ocorre a formação de ciclones extratropicais que, quando mais próximos da costa, podem afetar severamente algumas áreas.

Há registros regulares de neve no extremo sul e em setores mais elevados, como na cordilheira dos Andes e trechos serranos na vertente sul-oriental. Tal aspecto tem implicações de várias ordens, como no turismo, com *resorts* especializados em atividades de inverno, mas também para a alimentação de cursos d'água, muitos deles contribuintes para bacias hidrográficas importantes, entre elas, a Amazônica.

As condições climáticas úmidas em grandes extensões da América do Sul, aliadas às características fisiográficas, fazem com que a matriz energética de várias nações tenha grande contribuição da hidroeletricidade, como é o caso do Paraguai, do Uruguai, do Brasil, de setores andinos e das Guianas. A produção de hidroeletricidade envolve o alagamento de grandes extensões e a criação de reservatórios, impondo remoção de populações e risco de inundações, pois não chega a ser rara a necessidade de abertura de comportas ou até o rompimento de barragens em situações de eventos de precipitação excepcional.

A América do Sul apresenta importantes bacias hidrográficas, mas as maiores densidades populacionais estão em torno das menores bacias, que são, assim, muito requisitadas no uso da água. Nesse sentido há maior concentração de cidades e de grandes barragens na bacia do Paraná-Prata.

A distribuição da vegetação segue as zonas climáticas; assim, os locais de climas quente e úmido são recobertos por florestas densas, com folhas largas que absorvem mais energia solar, constante nessas latitudes mais baixas. O alto suprimento de energia e umidade faz com que o desenvolvimento da vegetação seja rápido, de sorte que algumas espécies chegam a atingir até 60 m de altura. Com solos geralmente pobres, a vegetação retira seus nutrientes da decomposição de galhos, troncos e folhas. Espécies mais abertas e arbustivas aparecem nas áreas semiúmidas e com invernos mais secos, como na costa venezuelana, no setor central sul-americano e na região do Chaco. Em parte do nordeste do Brasil ocorre a Caatinga, composta por espécies xerófilas adaptadas à pouca água (os espinhos, por exemplo, têm a função de diminuir sua transpiração). Entre esses setores mais úmidos e mais secos estão os Cerrados, formados por plantas rasteiras e pequenas árvores, e os Campos. Árvores decíduas são encontradas no sul do Brasil e ao longo das encostas andinas. No Chaco, a cobertura vegetal abriga espécies mais rasteiras e vegetação de médio porte, mais aberta, arbustiva e espinhenta. As planícies do Pampa, na área central argentina, além do Paraguai, Uruguai e sul do Brasil, são recobertas pelas Pradarias ou Campos, com vegetação baixa e uniforme. Bem mais ao sul, seguindo para a Patagônia, a vegetação é mais rasteira.

Também ao longo da costa do Pacífico, a vegetação é pouco uniforme, dada a grande variação latitudinal, com florestas mais ao norte, vegetação mais baixa na parte central do Chile e vegetação xerófila no norte do Chile e em partes do Peru.

Nas áreas costeiras, ocorrem os Mangues, formados por arbustos e espécies arbóreas com troncos finos e raízes aéreas, adaptadas à salinidade e aos solos pouco oxigenados. Ricos em matéria orgânica, eles têm papel muito importante na reprodução e no abrigo de espécies da fauna marinha. Em terrenos mais salinos, são encontradas as vegetações de Restingas, formadas por ervas, arbustos e árvores de pequeno porte. Esses tipos de vegetação têm sido bastante devastados, mas eles são importantes para diminuir o impacto de alguns fenômenos que podem se configurar como desastres naturais, como ciclones tropicais e ondas gigantes.

Os biomas sul-americanos são muito ricos, apresentando inúmeras potencialidades, mas em diferentes graus tem havido enorme depredação, fato que contribui sobremaneira para a fragilidade ambiental.

Ainda que cada ambiente apresente características, suscetibilidades e potencialidades distintas, nos últimos anos, eles vêm sendo, sem exceção, ocupados de forma rápida e deletéria, fator que contribui para o advento de desestruturações de todas as ordens, que se consubstanciam, via de regra, em desastres naturais.

2.2 Aspectos socioambientais e econômicos da América do Sul

Assim como em outros locais, também na América do Sul os primeiros povoamentos ocorreram próximo da costa – tendência que perdura até hoje –, e a implantação das cidades não levou em conta o fato de haver risco sísmico, vulcânico ou de outra ordem, que foi subestimado ou não reconhecido (Thouret, 2007).

A Fig. 2.1, que apresenta mudanças no uso da terra na América do Sul em três momentos, demonstra que, até por volta de 1700, a proporção de terras para uso agrícola era bastante restrita, com setores relativamente pouco extensos e não contíguos na costa pacífica e atlântica; nesse período, pastagens ocupavam porções um pouco maiores e, em alguns casos, mais interioranas. Três séculos depois, a situação mudou dramaticamente: as áreas de pastagem migraram para setores mais amplos ao sul, notadamente na Argentina, e as terras agrícolas avançaram fortemente para o interior a partir da costa atlântica, sendo que a oeste a barreira natural da cordilheira dos Andes fez com que a ampliação das áreas para a agricultura tenha acontecido em menor grau. Essa maciça expansão de terras para atividades agropecuárias se deu em locais outrora ocupados por vegetação de diferentes tipos e portes, tendência que poderá ser acelerada com o avanço maior no norte da América do Sul, o que pode aumentar ainda mais a devastação da Amazônia e de outros biomas sul-americanos.

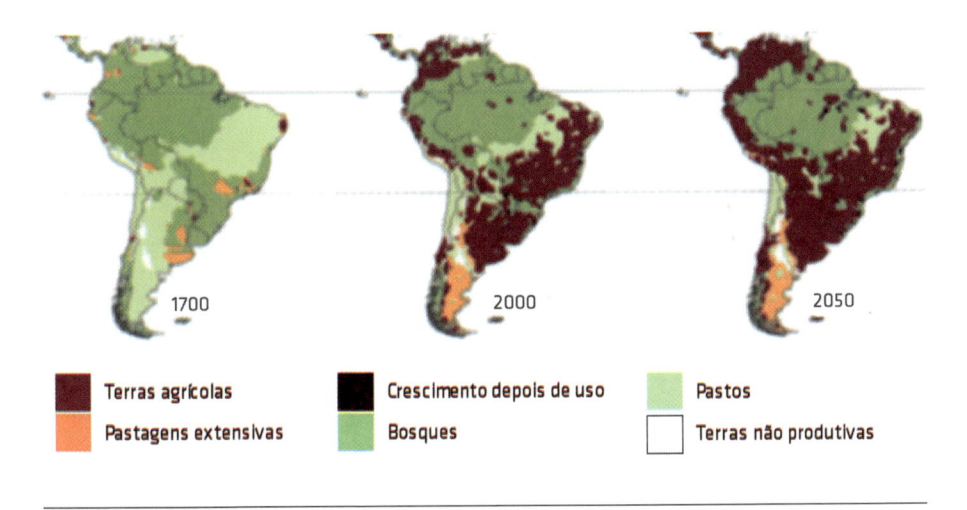

FIG. 2.1 *Mudanças no uso da terra na América do Sul, entre 1700 e 2000, e estimativa para 2050*

Fonte: adaptado de Unep (2010).

A Tab. 2.1 mostra a evolução populacional nas seis últimas décadas e a área física dos países. A população da América do Sul aumentou cerca de 266,0% (UN, 2011), sendo que a mesma fonte aponta que atualmente 82,8% das pessoas vivem em áreas urbanas. Tal fato traz crescentes pressões tanto em cidades como São Paulo, Buenos Aires, Lima e Santiago do Chile quanto em centros emergentes, com demanda crescente de alimentos e de recursos hídricos, além da deterioração do espaço que dá suporte físico a esses aglomerados. Em algumas nações, o incremento populacional do período foi particularmente notável: 714,0% na Guiana, 383,0% na Venezuela e 339,0% no Paraguai.

TAB. 2.1 POPULAÇÃO DOS PAÍSES SUL-AMERICANOS AO LONGO DAS SEIS DÉCADAS MAIS RECENTES ($\times$ 1.000) E ÁREA (km²)

	População						Área (km²)
	1960	1970	1980	1990	2000	2010	
Argentina	20.625.451	23.983.358	28.131.040	32.642.442	36.930.709	40.412.376	2.780.092
Bolívia	3.354.895	4.216.572	5.352.649	6.658.462	8.307.248	9.929.849	1.098.581
Brasil	72.758.801	96.078.304	121.711.864	149.650.206	174.425.387	194.946.470	8.547.403
Chile	7.651.579	9.577.572	11.178.817	13.187.688	15.419.820	17.113.688	756.626
Colômbia	16.004.714	21.329.811	26.874.906	33.203.321	39.764.166	46.294.841	1.141.748
Equador	4.439.206	5.972.464	7.957.811	10.260.587	12.345.023	14.464.739	283.561
Guiana	560.184	720.738	776.856	724.931	733.101	754.493	91.000
Guiana Francesa	32.377	48.561	67.799	117.038	164.983	231.151	214.970
Paraguai	1.905.829	2.482.508	3.194.768	4.243.860	5.343.539	6.454.548	406.752
Peru	9.929.439	13.187.182	17.286.832	21.685.537	25.861.887	29.076.512	1.285.215
Suriname	290.000	372.297	365.749	406.890	466.846	524.636	163.820
Uruguai	2.538.095	2.809.117	2.914.683	3.109.122	3.319.066	3.368.786	176.215
Venezuela	7.562.108	10.680.678	15.036.273	19.685.177	24.348.304	28.979.857	912.050
Total	147.652.678	191.459.162	240.850.047	295.575.394	347.430.079	392.551.946	17.858.033

Fonte: adaptado de UN (2011).

O processo de transferência de população rural para as cidades na América do Sul foi conduzido, inicialmente, pela industrialização, que teve seu maior impulso a partir de meados do século XX. Apesar de a contribuição da migração rural para centros urbanos operar em taxas menores a partir dos anos 1980, esse padrão de concentração populacional está indelevelmente associado às profundas alterações no ambiente das nações sul-americanas, impondo enormes desafios para o desenvolvimento sustentável e qualidade de vida dos seus habitantes: por exemplo, o grande dinamismo de muitas cidades contrasta intensamente com suas administrações estáticas e incapazes de acompanhar as transformações advindas de seus crescimentos físicos, de suas funções e de suas populações, impactando fortemente a segurança e a integridade física das pessoas que nelas vivem.

A Tab. 2.2 apresenta o percentual de população urbana por país da América do Sul ao longo das últimas décadas e a comparação com a média mundial (1960 engloba de 1960 a 1969, e assim por diante). Percebe-se que em várias nações a população já era predominantemente urbana na década de 1960, mas apenas nos anos de 1990 o número de pessoas que mora nas cidades passou a ser maior em todos os países, com exceção da Guiana, essencialmente rural, inclusive com retrocesso na tendência mundial de urbanização crescente.

TAB. 2.2 PERCENTUAL DE POPULAÇÃO URBANA NOS PAÍSES DA AMÉRICA DO SUL E NO MUNDO NAS DÉCADAS DE 1960 A 2010

	Décadas					
	1960	1970	1980	1990	2000	2010
Argentina	73,6	78,9	82,9	87,0	90,1	92,3
Bolívia	36,8	39,8	45,5	55,6	61,8	66,4
Brasil	46,1	55,9	65,5	73,9	81,2	84,3
Chile	67,8	75,2	81,2	83,3	85,9	88,9
Colômbia	45,0	54,8	62,1	68,3	72,1	75,0
Equador	33,9	39,3	47,0	55,1	60,3	66,9
Guiana	29,0	29,4	30,5	29,6	28,7	28,3
Guiana Francesa	63,3	67,4	70,8	74,5	75,1	76,2
Paraguai	35,6	37,1	41,7	48,7	55,3	61,4
Peru	46,8	57,4	64,6	68,9	73,0	76,9
Suriname	47,3	45,9	55,0	60,0	64,9	69,3

TAB. 2.2 PERCENTUAL DE POPULAÇÃO URBANA NOS PAÍSES DA AMÉRICA DO SUL E NO MUNDO NAS DÉCADAS DE 1960 A 2010 (Continuação)

	Décadas					
	1960	1970	1980	1990	2000	2010
Uruguai	80,2	82,4	85,4	89,0	91,3	92,5
Venezuela	61,6	71,9	79,2	84,3	89,9	93,3
América do Sul	51,3	56,6	62,4	67,5	71,5	74,8
Mundo	33,6	36,6	39,4	43,0	46,7	51,6

Fonte: adaptado de UN (2011).

Thouret (2007) destaca que diversos países da América do Sul apresentam grande proporção da população vivendo em poucas cidades, como Guayaquil e Bogotá (25%) e Lima (28%). Ademais, entre as cem cidades do mundo que apresentam maior crescimento, sete são sul-americanas e, considerando as duzentas de crescimento mais rápido, 13,5% são cidades da América do Sul (The world's fastest, s.d.).

A Tab. 2.3 mostra que parcela muito substancial da população dos países sul-americanos vive em moradias precárias e em locais nos quais infraestrutura e serviços são deficientes, o que expõe as pessoas ao risco de serem vitimadas por desastres. Esse percentual se aproxima a 50,0% no caso da Bolívia, a nação mais pobre da América do Sul. A fonte não apresenta informações para Uruguai e Guiana Francesa (que não é uma nação, mas possessão da França). A mesma tabela mostra que no norte da América do Sul há maiores áreas de florestas e que alguns países com menor percentual de população vivendo em habitações subnormais, como Argentina e Chile, têm menores extensões de áreas florestadas, sinalizando processo claramente insustentável; além disso, no caso da Guiana, tanto o índice de moradores em favelas, como o de área florestada são altos, o que demonstra não existir um padrão para a América do Sul quanto à associação desses dois elementos.

A construção social do espaço urbano nas cidades da América do Sul é distinta: enquanto em algumas a segregação é mais clara, com forte expansão das periferias, em outras os locais em que vivem pessoas de mais baixa renda foram incorporados à cidade. No entanto, Cunha (2009) lembra que a diminuição da distância física entre os grupos sociais não tem relação com a distância social e a sociabilidade entre os grupos; assim, em alguns locais, o convívio entre populações de mais alta e mais baixa renda é geograficamente mais próximo, mas os conflitos são constantes.

TAB. 2.3 POPULAÇÃO SUL-AMERICANA QUE VIVE EM HABITAÇÕES SUBNORMAIS E PERCENTUAL DE ÁREAS COBERTAS POR FLORESTAS

	% pop. em favela	% área coberta por floresta
Argentina	23,5	12,1
Bolívia	48,8	54,2
Brasil	28,0	57,2
Chile	9,0	21,5
Colômbia	15,1	58,5
Equador	21,5	39,2
Guiana	33,7	76,7
Paraguai	17,6	46,5
Peru	36,1	53,7
Suriname	3,9	94,7
Uruguai	s/ inf.	8,6
Venezuela	32,0	54,1

Fonte: adaptado de Unep (2010).

A Fig. 2.2 apresenta a classificação dos países sul-americanos em cinco níveis de risco aos eventos que produzem desastres (ciclones, inundações, escorregamentos e secas) e mostra, também, aglomerações urbanas com mais de três milhões de pessoas. Equador, Uruguai, Colômbia e Peru se sobressaem, pois se os dois últimos apresentam risco médio a alto praticamente em toda a área, os dois primeiros apresentam risco médio, alto ou muito alto no país inteiro. Particularmente preocupante é o fato de que, com exceção de Salvador, os grandes aglomerados urbanos estão em áreas nas quais o risco de ocorrências que podem gerar desastres é mais alto. Mas essa exclusão da cidade brasileira é questionável, haja vista os rotineiros escorregamentos de encostas e inundações que assolam essa cidade. Acrescenta-se, todavia, que, de acordo com o relatório do UNISDR (2011), o número de desastres naturais é maior nas cidades médias e pequenas da América Latina, onde o ritmo de crescimento é mais acelerado.

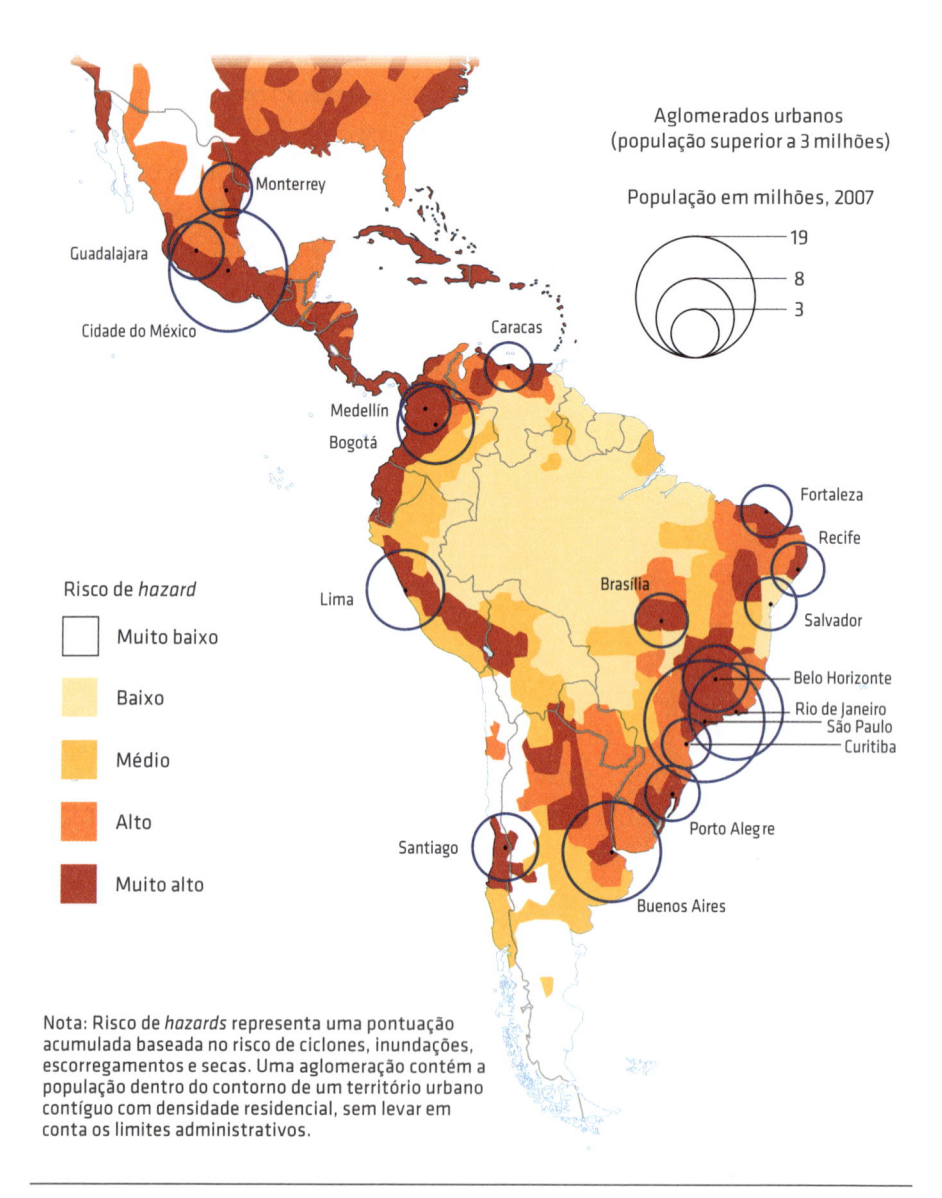

Aglomerados urbanos
(população superior a 3 milhões)

População em milhões, 2007

19
8
3

Risco de *hazard*

- Muito baixo
- Baixo
- Médio
- Alto
- Muito alto

Monterrey
Guadalajara
Cidade do México
Caracas
Medellín
Bogotá
Fortaleza
Recife
Lima
Brasília
Salvador
Belo Horizonte
Rio de Janeiro
São Paulo
Curitiba
Porto Alegre
Santiago
Buenos Aires

Nota: Risco de *hazards* representa uma pontuação acumulada baseada no risco de ciclones, inundações, escorregamentos e secas. Uma aglomeração contém a população dentro do contorno de um território urbano contíguo com densidade residencial, sem levar em conta os limites administrativos.

Fig. 2.2 *Risco de eventos que podem se configurar como desastres hidrometeorológicos e climáticos na América Latina e no Caribe, com destaque para as aglomerações com população superior a 3 milhões de pessoas*
Fonte: adaptado de Nieves López Izquierdo, Associate Consultant Unep/GRID-Arendal (2010) (http://www.grida.no/graphicslib/detail/vulnerability-of-large-cities-to-climate-hazards_cb5f).

A mobilidade espacial nas cidades sul-americanas é marcante, com destaque para dois modos: deslocamento da população de mais baixa renda para locais em que o aparato público é mais bem equipado e transferência de moradia das classes abastadas para lugares mais distantes, mas com deslocamento diário para seus locais de emprego. Como os modais de transporte se expandiram em taxas muito inferiores à velocidade do surgimento e ampliação dos aglomerados urbanos, o movimento das pessoas é um grave problema. O crescimento econômico de diversas nações levou à expansão da classe média, sendo que o número de automóveis particulares tem crescido em taxas alarmantes, causando enormes congestionamentos e desenfreada poluição atmosférica, agravada quando ocorre domínio de sistemas de alta pressão, que dificultam a dispersão dos poluentes e comprometem a saúde das pessoas, sobrecarregando o sistema de saúde nesses períodos. O aumento de condução individual em detrimento de transporte coletivo conta com fortes incentivos do poder público em nome de uma pretensa geração de empregos, mas qualquer benefício que pode surgir dessa prática é amplamente superado pelos malefícios. Além de não trazer mobilidade mais eficiente, o aumento de veículos individuais a piora, de modo que não raro as pessoas sequer conseguem voltar para casa em períodos de concentração de chuvas; com isso, aumenta o percentual de população sob risco de ser vitimada por calamidades, pois há mais pessoas circulando por mais tempo em áreas que podem apresentar risco de catástrofes.

Além da concentração populacional, algumas cidades sul-americanas se sobressaem no cenário mundial por deter parte muito expressiva do Produto Interno Bruto (PIB) nacional: entre 17 aglomerações urbanas avaliadas, Sassen (2012) observa que cinco são sul-americanas: São Paulo (19,6%), Bogotá (25,3%), Lima (44,5%), Santiago (49,6%) e Buenos Aires (63,3%).

Vários indicadores apontam que os esforços para ocupar papel de maior protagonismo nas negociações internacionais não têm surtido efeito condizente com a transformação socioespacial do ambiente sul-americano, que contribui para a deterioração dos parâmetros e serviços ecológicos, com consequências diretas no advento de desastres de grandes proporções. A performance dos países da América do Sul é ainda muito inferior a de outras nações e blocos emergentes, sendo poucas as cidades da América do Sul consideradas verdadeiramente globais, que são aquelas que desempenham funções ligadas aos fluxos econômicos mais dinâmicos e contemporâneos, servindo de base para o capital financeiro ou polo de indústrias de ponta, e consolidando a conectividade potencializada pelos meios de comunicação tecnológicos (Véras, 2012). A primeira a aparecer no *ranking* das 84 cidades globais é Buenos Aires, mesmo assim ocupando somente a 20ª posição. Seguem São Paulo (34ª), Bogotá (52ª), Rio de Janeiro (56ª), Santiago (58ª), Lima (61ª) e Caracas (67ª) (A. T. Kearney, 2014).

2.3 Relações das nações sul-americanas entre si e com a comunidade internacional

Seguindo a tendência mundial de construção de blocos econômicos regionalizados com vistas a ampliar a capacidade competitiva perante o mercado globalizado, a integração regional na América do Sul tem sido uma meta, ainda que com avanços e retrocessos. Esses blocos teriam por objetivo implementar ações como redução ou isenção de impostos e tarifas alfandegárias e soluções para questões comerciais, mas também equacionar outros assuntos multissetoriais prementes, como ações conjuntas perante ameaças comuns, entre elas as mudanças climáticas de origem antropogênica. Mercosul (Mercado Comum do Sul), Unasul (União das Nações Sul-Americanas) e Pacto Andino são tentativas de fazer frente a outros mercados comuns, mas suas eficácias e sucessos têm sido tímidos, fruto de períodos conturbados na economia internacional, de fragilidades nos pactos regionais dadas as carências institucionais, forças econômicas muito diferenciadas entre os países e falta de coesão e lealdades comuns. Ademais, uma série de diferenças latentes entre as nações desfavorecem progressos rumo à consolidação de um bloco econômico coeso e solidário. Entre eles, estão disputas territoriais (Chile-Peru ou Paraguai-Brasil), ressentimentos recentes (da Argentina em face do apoio chileno aos britânicos durante a Guerra das Malvinas), reivindicações que ignoram acordos firmados (Paraguai e Brasil em relação à usina hidrelétrica de Itaipu), disputas quanto a recursos estratégicos (Bolívia e Brasil no caso de gás), dificuldades no combate à corrupção (carros roubados na Argentina e no Brasil que são transportados para Paraguai e Bolívia e, no último caso, "legalizados" pelo governo nacional), além de disputas por água (rio Lauca entre Bolívia e Chile e rio Paraná entre Argentina, Paraguai e Brasil).

Diante desse quadro, alguns países da América do Sul têm se integrado a outros grupos que agregam nações que, mais distantes geograficamente, têm aspirações semelhantes, especialmente no que tange ao aumento de protagonismo na arena da globalização. Dois claros exemplos são o BRICS, que une Brasil, Rússia, Índia, China e África do Sul, e a Aliança do Pacífico, composta por Chile, Colômbia, Peru, Costa Rica e México.

De acordo com o relatório de 2014 da UNCTAD (United Nations Conference on Trade and Development), no *ranking* das 20 nações que receberam maior investimento estrangeiro direto em nível global em 2013, figuram apenas duas nações sul-americanas: Brasil (7º) e Chile (18º). Não obstante, esses países tiveram piora em relação ao seu desempenho anterior, quando ocupavam, respectivamente, a quinta e a 12ª posição. Como os aportes estrangeiros são desiguais no espaço sul-americano, a globalização é forte contribuinte para ampliar ainda mais as diferenças regionais.

Como parte desse processo, destacam-se os fluxos migratórios: nos últimos anos, Argentina e Venezuela foram os principais destinos de imigrantes de países sul-americanos, especialmente provenientes da Bolívia, Chile, Paraguai e Uruguai (Unaoc, s.d.). O Brasil tem recebido, também, importante entrada de bolivianos, paraguaios e peruanos, mas de acordo com a mesma fonte, recebe mais imigrantes de outras regiões do que de países latino-americanos. Fluxo grande de estrangeiros em áreas de fronteiras criam tensões que muitas vezes se arrastam por décadas, como os "brasiguaios" – grupo de brasileiros que há muitos anos se instalou em terras paraguaias próximas à fronteira e que de tempos em tempos são fonte de conflitos violentos, como em 2012.

No entanto, a América Latina tem sido muito mais um local de êxodo do que de atração, conforme pontua Sassen (2012). A autora assinala que há muitas cidades no mundo que têm mais de um milhão de estrangeiros residentes, mas nenhuma delas na América do Sul, que, portanto, não tem sido alvo de uma procura maciça por parte de pessoas de outros lugares do mundo. Tal fato repercute na estrutura social das cidades sul-americanas, pois se distanciam de cidades de outros lugares, mais hiperdiversas, que recebem um fluxo migratório mais constante e diferenciado.

A Tab. 2.4 revela os valores do PIB das nações sul-americanas e a posição que elas ocupam em relação às demais nações do mundo. A economia do Brasil ocupa a sétima posição em termos mundiais, sendo muito superior à dos demais países. Não obstante, assim como outros índices centrados em um ou poucos parâmetros, também o PIB tem alta artificialidade, não sendo um indicador perfeito da saúde financeira do país. Se de fato nações como Suriname, Paraguai e Bolívia estão entre as mais pobres da América do Sul, por outro lado, Uruguai tem situação mais cômoda do que esse índice pode revelar.

Tab. 2.4 Produto Interno Bruto (PIB) por país (valores de 2013) e posição de cada nação sul-americana no ranking mundial

Ranking mundial	País	US$
7	Brasil	2.245.673.032.354
21	Argentina	609.888.971.036
27	Venezuela	438.283.564.815
31	Colômbia	378.415.326.790
38	Chile	277.198.774.857
52	Peru	202.349.846.974
64	Equador	94.472.679.000
75	Uruguai	55.707.944.622
97	Bolívia	30.601.157.742
99	Paraguai	29.009.411.738
147	Suriname	5.298.787.879
156	Guiana	2.990.128.821

Fonte: adaptado de The World Bank (s.d.).

Em contraponto a alguns avanços operados nos países da América do Sul, como aumento da escolaridade, do PIB e da longevidade da população (Klugman et al., 2011; Khalid et al., 2013), a desestruturação ambiental vem crescendo drasticamente, o que se relaciona com pressões sobre o meio ambiente, exploração indiscriminada dos recursos naturais, degradação intensiva de terras e águas, poluição do ar, água e solo e eliminação inadequada de resíduos, com consequências para a saúde da população e para o advento de catástrofes naturais.

Com base em Klugman et al. (2011) e Khalid et al. (2013), a Tab. 2.5 confronta informações do Índice de Desenvolvimento Humano (IDH), de 2011 e 2013, com o percentual da população que habita áreas degradadas na América do Sul. Quanto à primeira informação, apenas dois países apresentam IDH muito elevado, seis foram classificados como tendo IDH alto, e os quatro restantes, médio (classificações A, B e C, respectivamente). Nenhuma nação apresentou IDH baixo, a última categoria e na qual constam países asiáticos e africanos. Todavia, comparando os dois anos, apenas três nações (Chile, Peru e Venezuela) subiram no *ranking* em 2013 em relação a 2011, uma se manteve na mesma posição (Bolívia) e as demais caíram no *ranking*. Ainda com base nas informações da Tab. 2.5, percebe-se que Brasil e Uruguai – respectivamente, os países de maior e o terceiro de menor dimensão (Tab. 2.1) – têm percentual mais alto de pessoas que moram em terras degradadas, o que é contribuinte para que os fenômenos físicos se transformem em calamidades. No caso uruguaio, esse fato poderia estar atrelado à informação da Fig. 2.2, que coloca essa nação em situação preocupante quanto às calamidades naturais.

TAB. 2.5 CLASSIFICAÇÃO DE PAÍSES DA AMÉRICA DO SUL SEGUNDO O IDH DE 2011 E 2013 E PERCENTUAL DA POPULAÇÃO QUE, NO MESMO PERÍODO, HABITAVA ÁREAS DEGRADADAS

	2011			2013			Pop. que vive em áreas degradadas (%)
	IDH	*Ranking*	Classificação	IDH	*Ranking*	Classificação	
Argentina	0,797	44°	A	0,811	45°	A	1,1
Bolívia	0,663	108°	C	0,675	108°	C	2,0
Brasil	0,718	84°	B	0,730	85°	B	7,9
Chile	0,805	45°	A	0,819	40°	A	1,7
Colômbia	0,710	87°	B	0,719	91°	B	2,0
Equador	0,720	83°	B	0,724	89°	B	1,6
Guiana	0,633	117°	C	0,636	118°	C	-
Paraguai	0,665	107°	C	0,669	111°	C	1,3
Peru	0,725	80°	B	0,741	77°	B	0,7
Suriname	0,680	104°	C	0,684	105°	C	-
Uruguai	0,783	48°	B	0,792	51°	B	5,7
Venezuela	0,735	73°	B	0,748	71°	B	1,9

Classificação: A: países com IDH muito alto
B: países com IDH alto
C: países com IDH médio

Fonte: adaptado de Klugman et al. (2011) e Khalid et al. (2013).

Em 2012, um esforço conjunto da United Nations University e do International Human Dimensions Programme (IHDP) lançou um novo índice para prover entendimento mais abrangente sobre o bem-estar das nações (UNU; IHDP; Unep, 2012). Isso ocorre porque pairam dúvidas diversas quanto à representatividade dos índices consagrados, por exemplo, se o modelo de previsão do bem-estar humano, com base apenas no aspecto econômico, seria ideologicamente correto. Esse relatório põe em cheque alguns dos pilares que sustentam a interpretação do desenvolvimento de acordo com o Banco Mundial, entre eles, se o aumento de consumo seria um caminho para o desenvolvimento. Nessa reinterpretação do bem-estar das nações, os capitais natural, humano e produzido são a base de nova classificação com um novo índice, denominado Índice Inclusivo de Bem-Estar (Inclusive Wealth Index, IWI). Mas a baixa democracia se associa às implicações mais severas dos desastres naturais, fator que mesmo limitante para o real desenvolvimento humano continua não sendo considerado. No entanto, Van der Vink et al. (2007) demonstram que, em países democráticos e com PIB mais alto, o número de fatalidades por desastres naturais é menor, postulando que essa associação seria um preditor mais eficiente dos impactos causados por catástrofes naturais do que a magnitude do episódio ou a densidade da população na área de registro. Eles ressaltam que entre 1964 e 2004 mais de 80% dos desastres naturais ocorreram em apenas 15 nações, sendo que o PIB de 73% delas estava abaixo da média global e 87% delas apresentavam Índice de Democracia (parâmetro do Banco Mundial) abaixo da média. Os autores citam o caso venezuelano, atribuindo o valor elevado do PIB às reservas de petróleo, mas discutindo sua falta de democracia.

Independente da forma como isso é quantificado e interpretado, a América do Sul passa por profundas alterações socioambientais – em especial, com a diminuição de seus limiares de estabilidade em relação às intempéries físicas – o que impõe limitações às práticas socioespaciais, antigas e novas. Toda essa desestruturação se vincula, diretamente, à maior incidência e dramaticidade dos desastres naturais, que acarretam enormes custos humanos e financeiros e atingem mais frequentemente as parcelas mais carentes da população, principalmente em áreas urbanas.

2.4 Projeções das mudanças climáticas para a América do Sul

As mudanças climáticas afetariam os países sul-americanos de diferentes maneiras, repercutindo em setores essenciais, como produção de alimentos, abastecimento de água, energia e turismo, além de alterar a biodiversidade e o padrão das catástrofes hidrometeorológicas e climáticas.

Com base no cenário A1B do Intergovernmental Panel on Climate Change (IPCC), o aumento regional da temperatura em superfície para o presente século variaria entre 1 °C e 4 °C (Climate and development... s.d.). Esse cenário descreve célere crescimento econômico, com pico populacional nos meados do século XXI e declínio a partir daí, e rápida introdução de tecnologias eficientes, com balanço no uso de energias fósseis e renováveis. Em termos de precipitação, projeções para o final deste século indicam que essa variável apresentaria alto nível de incerteza, dada sua grande complexidade; porém, de maneira geral, no verão haveria diminuição maior no setor costeiro setentrional na vertente pacífica, e na atlântica, na altura do Uruguai, e decréscimo mais ao sul da costa pacífica. No inverno ocorreria diminuição considerável nas áreas mais centrais e acréscimo no Equador e ao norte do Peru. Mudanças nos padrões de temperatura e precipitação afetariam o escoamento superficial, sendo que nos locais em que é projetado aumento no volume das precipitações haveria, igualmente, elevação do escoamento superficial.

Na mesma linha, Marengo et al. (2009) destacam que diferentes cenários apontam que toda a América do Sul apresentaria mudanças nos padrões atuais de distribuição de extremos de temperatura e de precipitação: as noites quentes se tornariam mais frequentes, enquanto o número de noites frias decresceria. Modificações significativas seriam verificadas tanto nos extremos positivos como negativos das precipitações, com tendência geral de aumento nos volumes na maior parte da região.

De acordo com Camilloni (2005), o Cone Sul, ao leste dos Andes, foi a região do planeta que apresentou maior incremento na precipitação anual ao longo do século XX, enquanto no setor oeste essa tendência foi marcadamente negativa, sendo que essas características opostas em áreas subtropicais ocorreram apenas nessa região do mundo. Avaliando a região da bacia do Prata (Prata-Paraná), a autora observou não apenas aumento nos volumes nas últimas décadas, mas também maior variabilidade, o que ela atribui aos eventos intensos de El Niño em anos recentes.

Em termos de mudanças no nível do mar, o mesmo cenário do IPCC aponta que, em comparação com os padrões de 1980-1999, a projeção para 2090-2099 é de que haveria subida no setor Atlântico até 5 cm maior do que a média mundial, enquanto que a elevação no lado pacífico seria inferior à projeção global. De acordo com o UN-Habitat (2008), no século XX houve elevação de 17 cm do nível do mar, sendo que as projeções mais conservadoras para o período entre 1990 e 2080 é de que a elevação seja de 22 cm, podendo, todavia, chegar a 34 cm. Tal panorama traz riscos de várias ordens para parte substancial da população sul-americana que vive em áreas costeiras ou próximas à costa.

Vários autores alertam que alguns sinais das mudanças já seriam perceptíveis na América do Sul: inúmeras geleiras vêm apresentando diminuição considerável, aspecto que traz profundas implicações na paisagem e afeta processos biofísicos, a recarga de rios e processos desencadeados pelo rápido e contínuo derretimento de capas de gelo, que podem se associar ao registro de desastres: por exemplo, o derretimento ocorrido em Quelccaya, Peru, gerou um lago que rompeu em 2006, inundando o vale próximo. Além disso, as geleiras originam riachos que contribuem para importantes rios da bacia Amazônica, como o Madeira e o Solimões, havendo, ainda, importante transporte de sedimentos, de modo que a continuidade desse processo poderia ter impactos que se estenderiam para áreas muito maiores (Zorzeto, 2013).

Entretanto, ainda que as anomalias apresentem maior capacidade para deflagrar calamidades, elas podem acontecer a partir de fenômenos físicos dentro ou próximo do habitual, dependendo do grau de desestruturação de um lugar. Considerando que a América do Sul é um ambiente em rápida alteração e que a alocação de parte considerável das pessoas acontece em locais de risco, as eventuais mudanças climáticas são um fator a mais para que as calamidades naturais atinjam dimensões cada vez maiores, comprometendo os espaços físicos e de vivência das pessoas e a integridade de parcelas crescentes da população. Com isso, eventuais ganhos econômicos – produto de condutas com base em lógicas externas a esses espaços – poderiam ser canalizados para cobrir os prejuízos crescentes das catástrofes naturais, e não para contribuir para a real melhoria socioeconômica da população sul-americana.

três

Os desastres naturais na América do Sul

O ADVENTO DE CATÁSTROFES NATURAIS é parte integrante da história sul-americana, estando marcado em suas crenças: Richardson (2005) assinala que civilizações antigas da América do Sul faziam sacrifícios e rezavam para seus deuses em busca de proteção em relação aos desastres naturais. Para o povo inca, que ocupava as áreas atuais do Peru, Bolívia, Equador e Chile, Apu Inti e Apu Illapu (deus Sol e deus da chuva, respectivamente) ocupavam lugar central na vida das pessoas, pois eles se vinculavam diretamente à agricultura. Nessa mesma civilização, Pachacámac era o deus dos terremotos e Waconera era um deus maligno, devorador de crianças e responsável pelas secas. O povo tupi-guarani também tinha suas crenças em determinadas divindades relacionadas às intempéries (Lurker, 2004): Tupã, que surgia na forma de um trovão, era responsável pelas ocorrências meteorológicas em geral. Iara, ou mãe das águas, estaria relacionada com a formação de névoa e neblina e com o fluxo dos cursos d'água. A civilização mapuche, que habitava áreas do atual Chile, atribuía seu surgimento a uma batalha entre as forças do mar e da terra: ondas oceânicas, terremotos e vulcanismo. O ser humano, a natureza, os objetos inertes, religião, cultura e sociedade: todos teriam acontecido no mesmo momento da criação (PAHO, 1994). O povo chimú, que vivia em terras peruanas, representou os impactos do fenômeno El Niño em enormes tapeçarias em adobe na cidade costeira de Chan Chan (UNISDR, 2011).

Relatos atestam, também, a ocorrência de eventos catastróficos na América do Sul no período de colonização europeia: Bueno (1999) narra que, no verão de 1542, um maremoto submergiu boa parte da vila de São Vicente e praias próximas, quando ondas de até 8 m teriam feito o mar avançar por 150 m, transferindo o vilarejo do Porto das Naus para a praia em frente à ilha Porchat. Em outubro de 1746, um forte terremoto seguido de *tsunami* destruíram Lima e o porto de El Callao, tendo sido interpretado pelo padre José de Cevallos como castigo para a população libertina da cidade (Walker, 2008 apud UNISDR, 2011).

Avaliando o histórico de eventos El Niño, que impactam fortemente a América do Sul, notadamente a costa ocidental, e considerando informações de diversas origens, Quinn e Neal (2004) levantaram 115 episódios entre 1525 e 1987, com intensidades entre moderada, forte e muito forte. Em uma compilação das erupções vulcânicas explosivas nos últimos 500 anos, Bradley e Jones (2004) as classificaram utilizando o índice VEI (Volcanic Explosivity Index), que varia de 1 a 8, sendo que os mais fortes, a partir de VEI 4, indicariam produção de pelo menos 108 m³ de material, que se estenderia entre 10 km a mais de 25 km em altitude. Eles enfatizam que entre os produtos lançados na atmosfera estão o SO_2 e o H_2S, que resultam em aerossóis sulfúricos que são produzidos na estratosfera e que reduzem o recebimento de radiação solar. Os autores reportam 13 registros ocorridos em três países da América do Sul, sendo 12 VEI 4 e um VEI 6, mas lembram que para áreas remotas, entre as quais os Andes, é provável que os dados estejam subestimados.

Associado às características físicas da América do Sul, seu passado colonial, que teve por base um padrão extrativo dos recursos naturais, foi forte contribuinte para o aumento da suscetibilidade de muitas áreas e da vulnerabilidade das populações, ao introduzir produção de maior escala voltada para os interesses do colonizador, alterando de forma rápida e profunda o ambiente físico, mas também a relação das pessoas com esse ambiente.

3.1 Base de dados para avaliação dos desastres naturais na América do Sul

O risco de desastres naturais de diferentes naturezas e magnitudes é alto na América do Sul: na vertente pacífica, a proximidade com a cordilheira dos

Andes faz com que a possibilidade de ocorrência de terremotos, erupções vulcânicas e *tsunami* seja permanente; já as calamidades hidrometeorológicas (inundações, corridas de massa, tornados e ciclones extratropicais) e climáticas (secas) são mais comuns e generalizadas. Mas apesar do conhecimento de que a probabilidade de catástrofes naturais de diferentes tipos é constante, a falta de preparo das nações frente ao registro de fenômenos físicos que os desencadeiam é notória e faz com que a dimensão das consequências desses episódios seja dramática.

Os reflexos negativos dos desastres naturais perduram por muito tempo após a deflagração do evento, comprometendo o PIB, particularmente nas nações mais pobres, e freando a taxa de desenvolvimento econômico. Os custos ambientais e sociais, de mais difícil aferição, são igualmente substanciais.

Ainda que o enfrentamento das catástrofes naturais requeira o reconhecimento de seus padrões espaciais e temporais, como assinalam Wisner et al. (2005), há uma série de problemas relacionados às estatísticas sobre desastres: diferentes definições (portanto, entendimentos) deste e de outros termos relacionados, deficiência no registro das ocorrências, pressões políticas que podem concorrer tanto para exagerar os números relacionados à tragédia, e assim obter mais benefícios externos, como para encobrir os reais efeitos das tragédias, além de dificuldades para deduzir a extensão dos seus efeitos.

As bases dos países da América do Sul são deficientes, pouco sistematizadas e seguem critérios diferentes entre si, dificultando a comparação entre elas. Assim, as informações que seguem têm como origem os dados disponibilizados pelo banco de dados do EM-DAT (International Disaster Database). Iniciado em 1988 sob os auspícios da United States Agency for International Development (USAID) e do Office of U.S. Foreign Disaster Assistance (OFDA), o Centre for Research on the Epidemiology of Disasters (Cred) mantém esse banco de dados que integra em uma única base as ocorrências calamitosas de todo o mundo; seguindo os mesmos critérios para qualquer nação, ele possibilita a comparação das ocorrências e a observação de padrões temporais e espaciais. Para que um evento integre esse banco, ele deve ter causado dez ou mais vítimas fatais, e/ou cem ou mais afetados, e/ou declaração de estado de emergência, e/ou chamada de assistência internacional

(Guha-Sapir et al., 2010). Desde 2007, o Cred e a resseguradora Munich RE, que igualmente mantém um banco de dados de desastres (NatCatSERVICE), implementaram um entendimento comum quanto à categorização e terminologia para operacionalização de bancos de dados de desastres.

A acurácia das informações do banco do EM-DAT está relacionada ao grau de organização dos dados de desastres dos países, fato reconhecido pelo próprio EM-DAT. Além disso, problemas relacionados à categorização dos tipos de desastres nesse banco foram observados por Jonkman (2005), Nunes (2009a) e Daniell et al. (2011). Como ponto positivo, assinala-se que o banco do EM-DAT permite vários tipos de pesquisa em sua base: por evento, por década, por impactos etc.

A análise que se segue começa na década de 1960 (1960-1969) visto que as nações sul-americanas já apresentam registro nesse período, com exceção da Guiana, e se estende até a década de 2000 (2000-2009), cobrindo período contínuo de cinco décadas. Os fenômenos foram de natureza geofísica (terremotos, erupções vulcânicas e movimentos de massa seca), meteorológica (tempestades), hidrológica (inundações, movimentos de massa seca), climatológica (extremos de temperatura, secas e incêndios) e biológica (epidemias). Eventos extremos podem ser entendidos como disritmias dos padrões habituais que levam à escassez ou ao excesso (Monteiro, 1991) e apresentam grande potencial para deflagrar catástrofes naturais, por concentrarem muita energia. Não obstante, ameaças e eventos extremos não são sinônimos de riscos extremos, pois os danos engendrados por ocorrências de magnitude similar podem acarretar perdas e impactos bastante distintos, e alguns episódios extremos do ponto de vista estatístico podem não causar nenhum impacto importante: por exemplo, em uma área na qual a série histórica de precipitação mensal é 10 mm, o aumento de 50,0% em alguma ocasião (15 mm, mesmo concentrados) pode ser ainda insuficiente para acarretar danos severos.

3.2 Panorama dos desastres naturais na América do Sul de 1960 a 2009

A Tab. 3.1 apresenta informações relativas aos desastres naturais constantes no banco do EM-DAT nos países da América do Sul no período de análise, que corresponderam a 863 registros de dez tipos, sendo sete de caráter hidrometeorológico e climático, dois geofísicos e um biológico. Existem diferenças importantes entre o número de eventos e seus impactos: quase 80% das catástrofes e dos prejuízos econômicos foram hidrometeorológicos e climáticos, os quais também responderam por pouco menos de 90% dos afetados; porém, fenômenos geofísicos causaram bem mais mortes. No nível dos episódios individuais, os mais comuns e que provocaram mais perdas econômicas foram as inundações, mas as secas atingiram mais pessoas, ainda que tenham causado poucos óbitos.

O número de ocorrências e de afetados por terremotos foi baixo em relação às mortes que eles provocaram, sendo que este último fato está atrelado, ao menos parcialmente, à imprevisibilidade desse fenômeno, e também porque ele libera rapidamente muita energia. Tal aspecto reflete, ainda, a ausência quase que total de construções que minimizem seus impactos. Entretanto, os eventos geofísicos atingem os países andinos da América do Sul.

No banco de dados, não constam perdas por epidemias, o que revela deficiência nesse levantamento e não a inexistência de prejuízos por essas catástrofes biológicas. Assim, custos, como tratamentos médicos e perda de vidas em população jovem ou economicamente ativa, são ignorados, gerando uma perspectiva inexata desse parâmetro, ainda que para as outras categorias de desastres também haja lacunas no cômputo de óbitos e afetados. Como as epidemias tendem a atingir de forma contumaz as crianças, seus reflexos se estendem na mão de obra futura, além da população economicamente ativa.

3.2.1 TENDÊNCIAS ESPACIAIS DOS DESASTRES NATURAIS NA AMÉRICA DO SUL

A Tab. 3.2 relaciona diversas variáveis, como o número e a proporção de desastres e da população por área. Embora haja mais desastres no Brasil, país sul-americano de maior extensão e população, Equador, Uruguai e Colômbia se destacam quando se considera a densidade de risco às calamidades. Esse aspecto guarda relação mais direta com a suscetibilidade dos locais e, não coincidentemente, está em sintonia com a informação apresentada na Fig. 2.2, ainda que naquele caso seja considerado somente o risco dos países em relação aos desastres hidrometeorológicos e climáticos: nos dois casos, os mesmos quatro países apresentaram maior densidade de eventos por área. Levando em conta a densidade das catástrofes naturais por população, os destaques

TAB. 3.1 DESASTRES NATURAIS DISCRIMINADOS POR TIPO E SUAS CONSEQUÊNCIAS NA AMÉRICA DO SUL ENTRE AS DÉCADAS DE 1960 E 2000

	Eventos	%	Mortos	%	Afetados	%	Prejuízos (*)	%
Seca	50	5,8	36	0,0	56.767.903	41,0	66.404,0	15,1
Extremo de temperatura	33	3,8	1.316	0,7	4.980.671	3,6	10.950,0	2,5
Inundação	386	44,7	43.717	24,4	52.525.164	38,0	233.120,4	52,9
Movimento de massa seca	6	0,7	2.307	1,3	2.411	0,0	2.000,0	0,5
Movimento de massa úmida	109	12,6	8.937	5,0	5.441.248	3,9	20.217,3	4,6
Incêndio	23	2,7	54	0,0	302.437	0,2	6.460,0	1,5
Tempestade	70	8,1	1.578	0,9	1.746.512	1,3	6.198,5	1,4
Terremoto	92	10,7	84.596	47,1	14.091.233	10,2	83.542,8	19,0
Vulcanismo	29	3,4	21.842	12,2	749.597	0,5	11.759,8	2,7
Epidemia	65	7,5	15.085	8,4	1.743.022	1,3	0,0	0,0
Hidrometeorológicos e climáticos	677	78,4	57.945	32,3	121.766.346	88,0	345.350,2	78,4
Geofísicos	121	14,0	106.438	59,3	14.840.830	10,7	95.302,6	21,6
Biológicos	65	7,5	15.085	8,4	1.743.022	1,3	0,0	0,0
Total	863	100,0	179.468	100,0	138.350.198	100,0	440.652,8	100,0

Fonte: adaptado de Guha-Sapir, Below e Hoyois (s.d.).
(*): 10^5 US$

são Guiana Francesa, Uruguai, Bolívia e Suriname. É provável que exista ligação entre o fato de a Bolívia estar na categoria C de IDH e ter quase 50% da população vivendo em favelas. Suriname também tem IDH na categoria C (Tab. 2.3 e 2.5). O fato de a relação entre desastres e população ser elevada no Uruguai provavelmente se associa a sua geomorfologia, tendo em vista que seu território está quase que exclusivamente assentado em planícies, favorecendo o advento de inundações, bem como a sua latitude, que coincide com a posição da corrente do Jato Subtropical, que se associa a distúrbios diversos, como o bloqueio de sistemas polares. Ciclones extratropicais são também comuns no local, bem como complexos convectivos de mesoescala, que promovem fortes tempestades e rajadas.

TAB. 3.2 POPULAÇÃO (2010), ÁREA E DESASTRES NATURAIS (1960-2009) POR PAÍS SUL-AMERICANO

País	População	Área (km²)	DD	DNs	% DNs/área (× 100.000)	% DNs/pop. (× 100.000)
Argentina	40.412.376	2.780.092	14,4	86	3,1	0,2
Bolívia	9.929.849	1.098.581	8,8	68	6,2	0,7
Brasil	194.946.470	8.547.403	22,5	179	2,1	0,1
Chile	17.113.688	756.626	22,2	76	10,0	0,4
Colômbia	46.294.841	1.141.748	40,9	139	12,2	0,3
Equador	14.464.739	283.561	52,5	70	24,7	0,5
Guiana	754.493	214.970	3,5	9	4,2	1,2
Guiana Francesa*	231.151	91.000	2,5	1	1,1	0,4
Paraguai	6.454.548	406.752	15,3	34	8,4	0,5
Peru	29.076.512	1.285.215	22,0	131	10,2	0,5
Suriname	524.636	163.820	3,0	3	1,8	0,6
Uruguai	3.368.786	176.215	19,0	22	12,5	0,7
Venezuela	28.979.857	912.050	30,8	45	4,9	0,2
Total	387.760.307	17.858.033	21,7	863	4,8	6,2

* Departamento ultramarino da França
DD = densidade demográfica
DNs = desastres naturais

Fonte: UN (2011) e Guha-Sapir, Below e Hoyois. (s.d.).

A proporção de eventos, afetados, óbitos e prejuízos para cada país da América do Sul aparece na Tab. 3.3. Por ela, é possível observar que, embora tenha havido mais registros de eventos, afetados e prejuízos no Brasil (no caso de afetados, mais de 50,0%), quase metade das vítimas fatais foram no Peru, que também se destacou quanto ao número de ocorrências de desastres naturais. A Argentina, segunda economia da América do Sul, é também a segunda em perdas econômicas e a terceira em afetados, enquanto que a Colômbia aparece como a segunda em registro de catástrofes e a terceira em número de mortos. Guiana Francesa e Suriname têm o menor número de casos e, para esses países, não existem informações sobre afetados e prejuízos no banco de dados de desastres naturais do EM-DAT, embora essa ausência levante dúvidas, assim como o não registro de óbitos por catástrofes no Uruguai, Guiana, Guiana Francesa e Suriname. Sobre o Uruguai, chama a atenção, novamente, que a relação entre o número de catástrofes e a população está entre as mais altas da América do Sul.

Tab. 3.3 Percentual de eventos, afetados, mortos e prejuízos por país sul-americano (1960-2009)

País	Eventos (%)	Mortos (%)	Afetados (%)	Prejuízos (%)
Argentina	10,0	0,6	10,9	20,6
Bolívia	7,9	1,0	4,7	6,8
Brasil	20,7	5,7	53,7	29,1
Chile	8,8	5,1	6,3	9,7
Colômbia	16,1	17,0	9,5	8,0
Equador	8,1	4,4	2,8	8,5
Guiana	1,0	0,0	0,8	1,5
Guiana Francesa	0,1	0,0	0,1	0,0
Paraguai	3,9	0,1	1,2	0,3
Peru	15,2	48,8	14,6	7,1
Suriname	0,3	0,0	0,0	0,0
Uruguai	2,5	0,0	0,2	0,8
Venezuela	5,2	17,3	0,7	7,6

Fonte: adaptado de Guha-Sapir, Below e Hoyois. (s.d.).

Dos cinco países com maiores perdas financeiras, três estão entre os cinco que apresentam o PIB mais elevado na América do Sul (Tab. 2.4), fato que reflete tendência mundial, pois há mais prejuízos em locais de economias mais fortes, ou seja, onde há mais a perder.

As Figs. 3.1 a 3.4 apresentam o número de catástrofes, de fatalidades, de atingidos e os danos materiais por país sul-americano, discriminados pelas três categorias de desastres. O raio do círculo, em escala logarítmica, é proporcional às ocorrências. Por elas também é possível comprovar que o número de eventos do Brasil, cuja população e extensão são bem maiores do que as das demais nações, não se distancia muito destas (Fig. 3.1). Os fenômenos geofísicos são típicos das nações andinas, mas nessas e em todas as outras da América do Sul há mais ocorrências hidrometeorológicas e climáticas, sendo que, em quatro países, todos os desastres se associaram somente a essa categoria de fenômenos. A situação se altera quando se avalia o panorama em relação às perdas de vidas por nação (Fig. 3.2), pois naquelas voltadas para o oceano Pacífico há mais mortes por episódios geofísicos. Em várias, há contribuição importante das ocorrências biológicas no advento de óbitos, mas também nesse âmbito os episódios hidrometeorológicos e climáticos se destacam, correspondendo a 100,0% em três países e muito próximo a isso em outro.

A Fig. 3.3, que apresenta quadro similar em relação aos afetados, demonstra que foram muitos os atingidos em todas as nações por diferentes tipos de desastres naturais, sendo proporcionalmente maiores nas nações menores e com menos população. A participação das ocorrências hidrometeorológicas e climáticas é ainda mais marcante, ratificando que os eventos biológicos e, notadamente, os geofísicos – em especial os terremotos, de alta imprevisibilidade – matam mais, causando menos afetados. As informações da Fig. 3.4, como todas as relativas às perdas econômicas, devem ser consideradas com restrição, pois praticamente não existem dados de prejuízos derivados de eventos biológicos, e, em muitas ocorrências geofísicas e hidrometeorológicas e climáticas que tiveram número grande de atingidos e/ou mortes, também não há referências às perdas ou, quando existentes, apresentam cifras extremamente conservadoras. Pelo quadro, porém, que se baseia nas informações constantes no banco de dados do EM-DAT, nota-se que, nas nações sujeitas ao registro de fenômenos geofísicos, os danos são bem elevados, com destaque para Colômbia e Chile. Assim como nos outros casos, não se nota proporcionalidade das perdas de acordo com a dimensão do território e da população, de modo que elas comprometeriam de forma mais dramática as nações de menor PIB (Tab. 2.4).

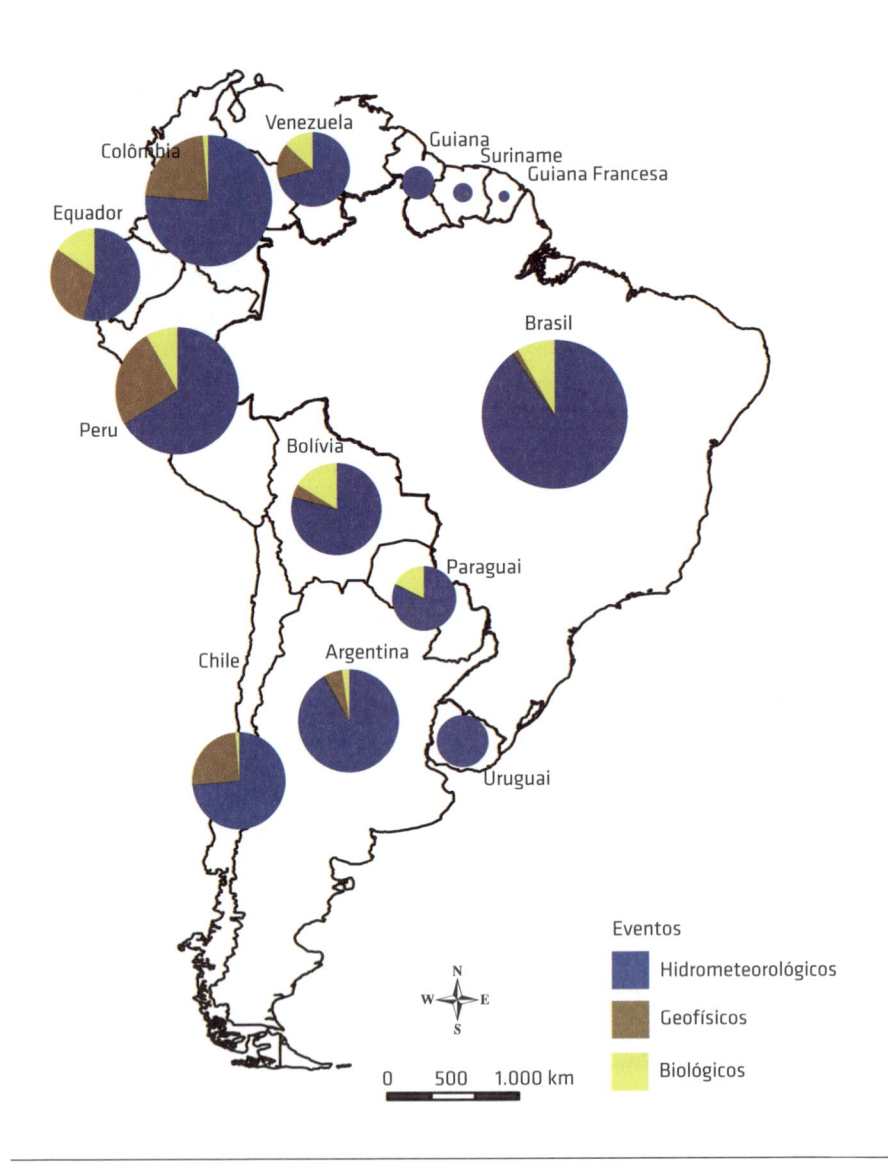

Fig. 3.1 *Desastres naturais entre 1960 e 2009, discriminados por tipo, para cada país sul-americano*
Fonte: adaptado de Guha-Sapir, Below e Hoyois (s.d.) por Lucí Hidalgo Nunes e Beatriz Barbi.

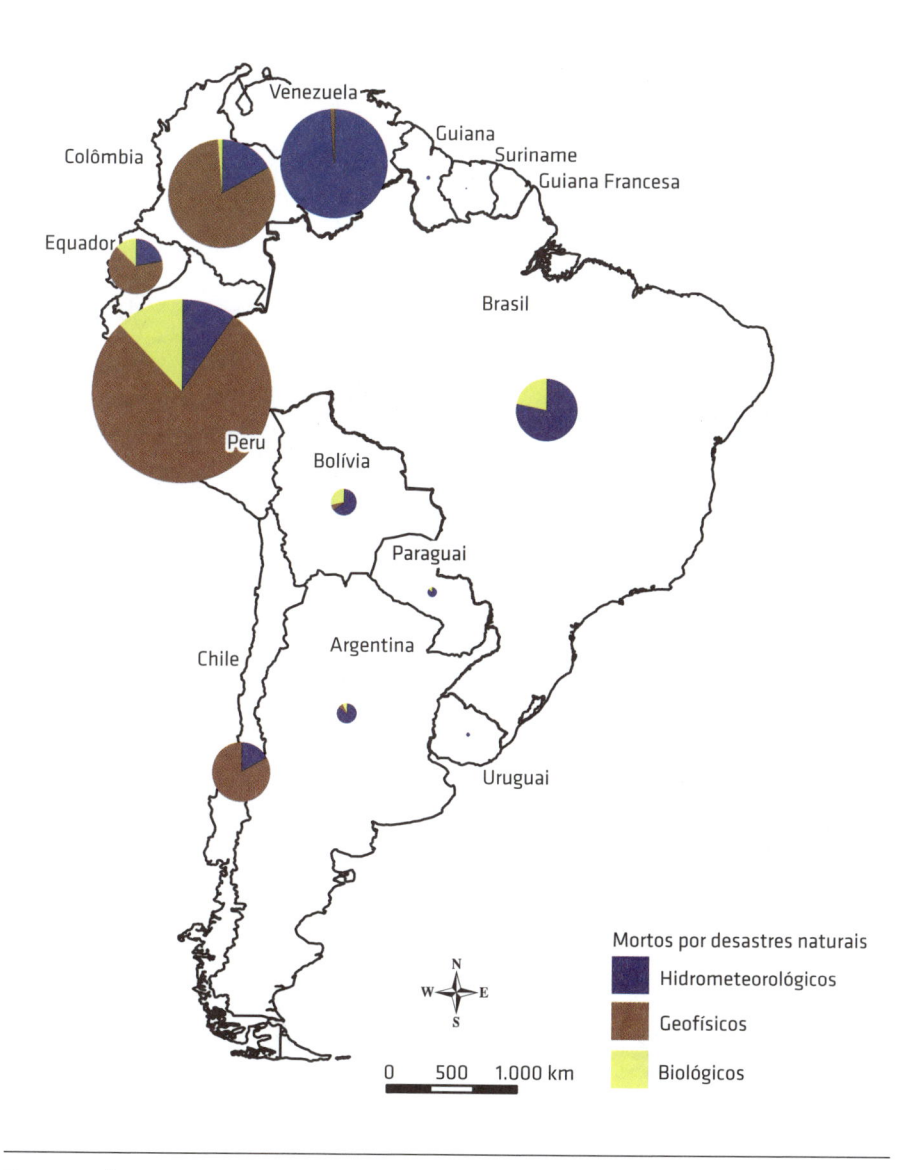

Fig. 3.2 *Óbitos por desastres naturais entre 1960 e 2009, discriminados por tipo, para cada país sul-americano*

Fonte: adaptado de Guha-Sapir, Below e Hoyois (s.d.) por Lucí Hidalgo Nunes e Beatriz Barbi.

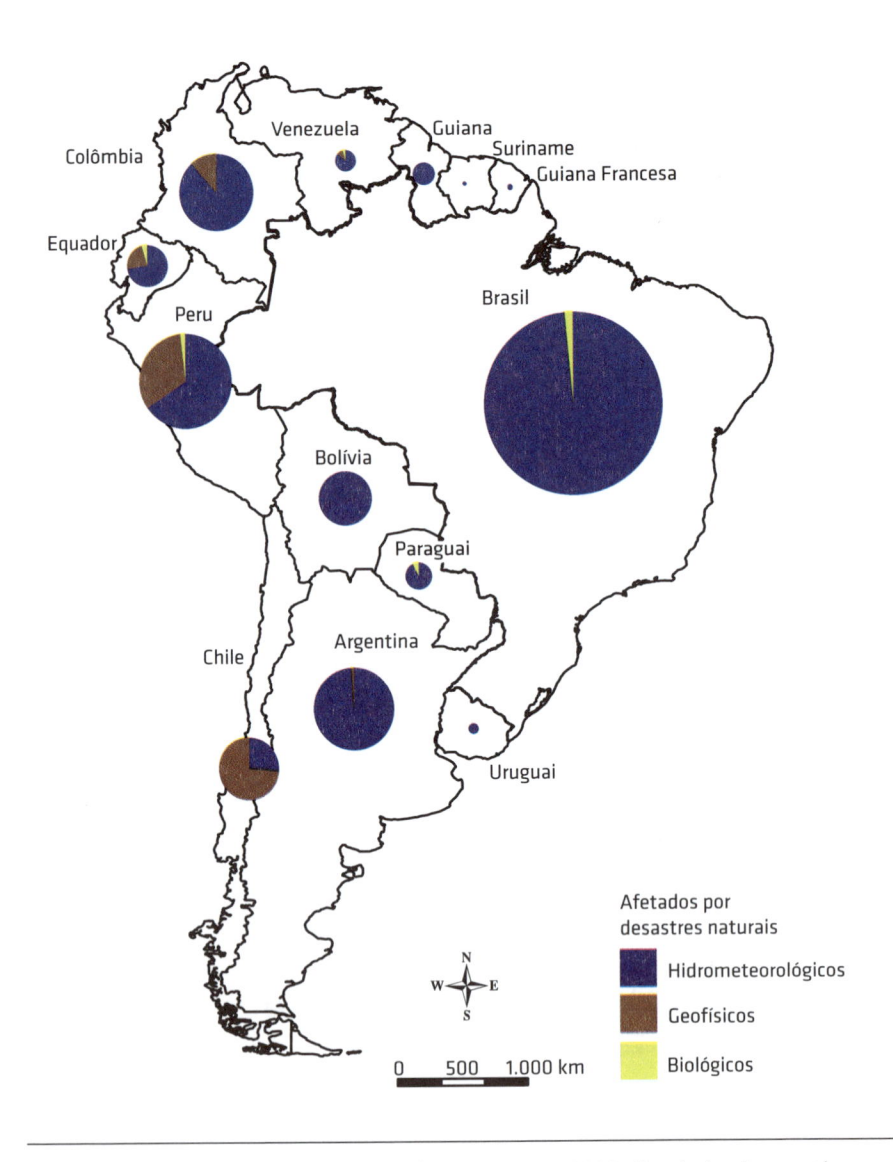

FIG. 3.3 *Afetados por desastres naturais entre 1960 e 2009, discriminados por tipo, para cada país sul-americano*
Fonte: adaptado de Guha-Sapir, Below e Hoyois (s.d.) por Lucí Hidalgo Nunes e Beatriz Barbi.

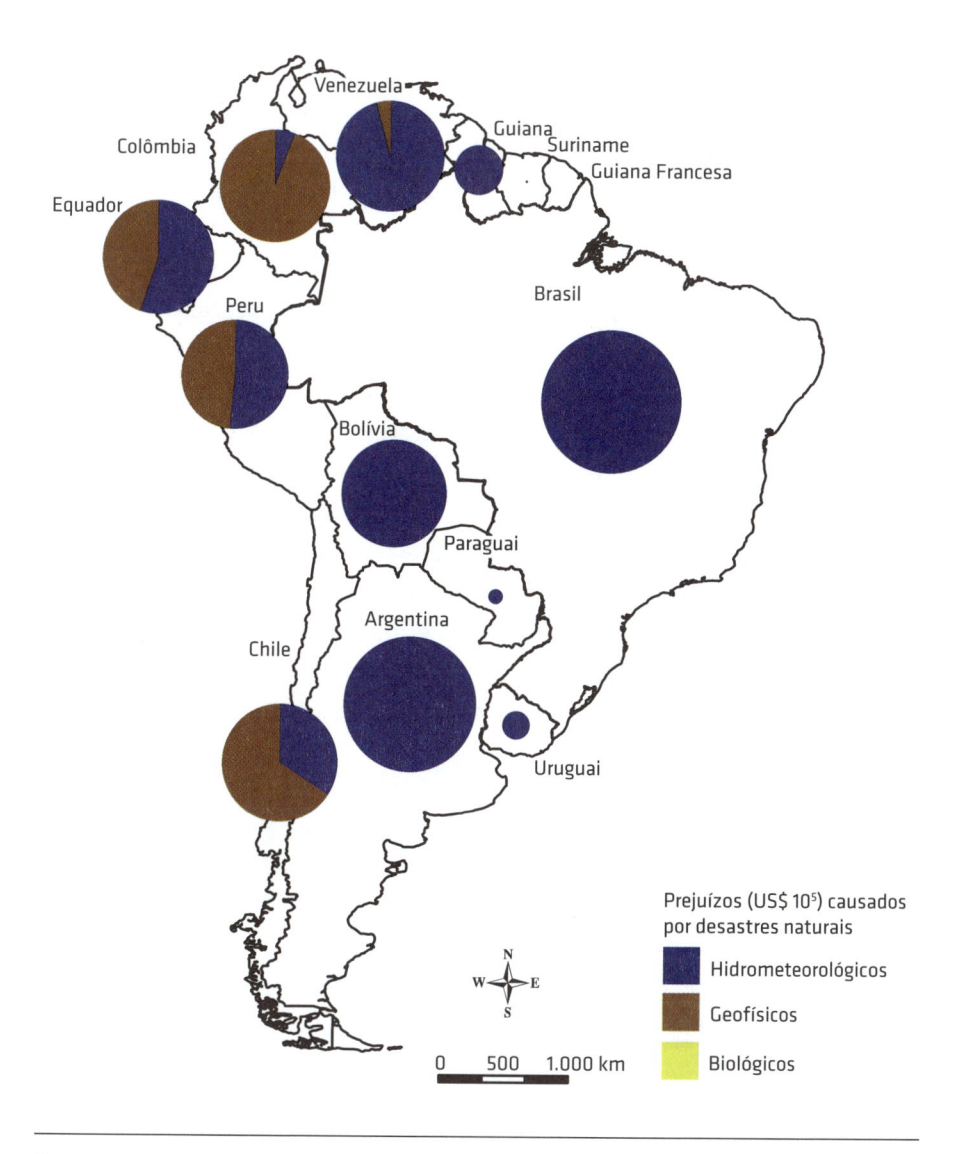

FIG. 3.4 *Perdas econômicas por desastres naturais entre 1960 e 2009, discriminados por tipo, para cada país sul-americano*

Fonte: adaptado de Guha-Sapir, Below e Hoyois (s.d.) por Lucí Hidalgo Nunes e Beatriz Barbi.

Os dados da Tab. 3.4 demonstram que todos os países, além da Guiana Francesa, tiveram mais registros de inundação, que superou em muito o segundo tipo de evento que provocou desastres naturais na América do Sul, que foi distinto de acordo com a nação: movimento de massa úmida, no caso de Brasil e Colômbia; tempestades, na Argentina e Uruguai; epidemias, na Bolívia, Equador e Paraguai; terremotos, no Chile, Equador e Peru; e secas, na Guiana e no Paraguai. O Suriname apenas apresentou registro de inundações.

Nas cinco décadas avaliadas, quase 180 mil pessoas perderam suas vidas em consequência de algum tipo de desastre natural na América do Sul (Tab. 3.5), cerca de 60,0% por eventos geofísicos. Dois casos se destacaram pelo elevado número de fatalidades: terremotos no Peru e inundações na Venezuela (conforme reportado, esse evento se caracterizou primariamente como movimento de massa). Mais habitantes do Peru foram a óbito em virtude de eventos naturais catastróficos, mas todos os tipos de ocorrências causaram mortes, sendo que secas e incêndios foram os fenômenos que menos perda de vidas promoveram. Nenhum tipo de fenômeno se repetiu em todos os países como agente de fatalidades: mesmo inundação, que foi o mais comum espacialmente, não teve registro de mortos na Guiana Francesa.

As informações da Tab. 3.6 revelam ter havido enorme quantidade de afetados por desastres naturais nos decênios analisados. A situação pode ter sido ainda mais trágica porque parte das pessoas pode ter sido atingida mais de uma vez, tendo em vista que alguns fenômenos são recorrentes no espaço e em algum período do ano, e algumas áreas registram diferentes tipos de ocorrências calamitosas, que poderiam atingir as mesmas pessoas. O Brasil lidera esse *ranking* perverso, mas todos os países tiveram números muito altos de pessoas atingidas. O cômputo dos afetados nessa nação entre 1960 e 2009 suplanta em muito a população total individual das demais nações sul-americanas (dados de 2010, vide Tab. 2.1). Chama a atenção também que, em termos percentuais, o número de atingidos em cinco décadas na Guiana é superior a 140,0% de sua população atual.

TAB. 3.4 DESASTRES NATURAIS DISCRIMINADOS POR TIPOS E POR PAÍS DA AMÉRICA DO SUL (1960-2009)

	Argentina	Bolívia	Brasil	Chile	Colômbia	Equador	Guiana	Guiana Francesa	Paraguai	Peru	Suriname	Uruguai	Venezuela	Total	%
Seca	2	9	15	2	1	3	2	0	6	8	0	1	1	50	5,8
Extremos de temperatura	7	3	7	5	0	0	0	0	2	6	0	3	0	33	3,8
Inundação	45	32	101	26	60	22	6	1	15	39	3	12	24	386	44,7
Movimento de massa seca	0	0	0	0	3	1	0	0	0	2	0	0	0	6	0,7
Movimento de massa úmida	3	5	21	4	33	10	1	0	0	28	0	0	4	109	12,6
Incêndio	5	3	3	6	2	2	0	0	1	1	0	0	0	23	2,7
Tempestade	17	2	15	13	7	0	0	0	4	3	0	6	3	70	8,1
Terremoto	3	3	2	14	21	11	0	0	0	31	0	0	7	92	10,7
Vulcanismo	2	0	0	5	10	10	0	0	0	2	0	0	0	29	3,4
Epidemia	2	11	15	1	2	11	0	0	6	11	0	0	6	65	7,5
Hidrometeorológicos e climáticos	79	54	162	56	106	38	9	1	28	87	3	22	32	677	78,4
Geofísicos	5	3	2	19	31	21	0	0	0	33	0	0	7	121	14,0
Biológicos	2	11	15	1	2	11	0	0	6	11	0	0	6	65	7,5
Total	86	68	179	76	139	70	9	1	34	131	3	22	45	863	100,0

Fonte: adaptado de Guha-Sapir, Below e Hoyois (s.d.).

Tab. 3.5 Número de mortos por desastres naturais discriminados por tipos e por país da América do Sul (1960-2009)

	Argentina	Bolívia	Brasil	Chile	Colômbia	Equador	Guiana	Guiana Francesa	Paraguai	Peru	Suriname	Uruguai	Venezuela	Total	%
Seca	0	0	20	0	0	0	0	0	16	0	0	0	0	36	0,0
Extremos de temperatura	143	15	323	8	0	0	0	0	8	812	0	7	0	1.316	0,7
Inundação	418	884	5.881	1.040	2.404	812	34	0	137	1.741	5	23	30.338	43.717	24,4
Movimento de massa seca	0	0	0	0	247	60	0	0	0	2.000	0	0	0	2.307	1,3
Movimento de massa úmida	79	218	1.590	229	2.484	849	10	0	0	3.314	0	0	164	8.937	5,0
Incêndio	32	3	1	10	0	0	0	0	8	0	0	0	0	54	0,0
Tempestade	265	20	191	267	38	0	0	0	33	637	0	11	116	1.578	0,9
Terremoto	76	120	2	7.562	3.043	5.096	0	0	0	68.359	0	0	338	84.596	47,1
Vulcanismo	0	0	0	10	21.826	6	0	0	0	0	0	0	0	21.842	12,2
Epidemia	73	498	2.217	1	412	1.000	0	0	33	10.689	0	0	162	15.085	8,4
Hidrometeorológicos e climáticos	937	1.140	8.006	1.554	5.173	1.721	44	0	202	8.504	5	41	30.618	57.945	32,3
Geofísicos	76	120	2	7.572	24.869	5.102	0	0	0	68.359	0	0	338	106.438	59,3
Biológicos	73	498	2217	1	412	1.000	0	0	33	10.689	0	0	162	15.085	8,4
Total	1.086	1.758	10.225	9.127	30.454	7.823	44	0	235	87.552	5	41	31.118	179.468	100,0

Fonte: adaptado de Guha-Sapir, Below e Hoyois (s.d.).

TAB. 3.6 NÚMERO DE ATINGIDOS POR DESASTRES NATURAIS DISCRIMINADOS POR TIPOS E POR PAÍS DA AMÉRICA DO SUL (1960-2009)

	Argentina	Bolívia	Brasil	Chile	Colômbia	Equador	Guiana	Guiana Francesa	Paraguai	Peru	Suriname	Uruguai	Venezuela	Total	%
Seca	0	3.518.709	47.750.000	120.000	100.000	741.500	607.200	0	324.390	3.606.104	0	0	0	56.767.903	41,0
Extremos de temperatura	28.500	25.282	600	35.000	0	0	0	0	0	4.888.889	0	2.400	0	4.980.671	3,6
Inundação	13.742.249	2.419.955	17.171.218	1.438.891	10.749.433	1.878.206	468.774	70.000	924.765	2.607.788	36.148	226.763	790.974	52.525.164	38,0
Movimento de massa seca	0	0	0	0	2.411	0	0	0	0	0	0	0	0	2.411	0,0
Movimento de massa úmida	32.014	166.624	4.237.484	82.841	29.687	81.456	0	0	0	789.624	0	0	21.518	5.441.248	3,9
Incêndio	152.752	9.300	12.000	1.585	0	800	0	0	125.000	1.000	0	0	0	302.437	0,2
Tempestade	129.656	18.740	213.092	503.541	140.397	0	0	0	60.932	667.412	0	5.112	7.630	1.746.512	1,3
Terremoto	86.065	18.050	23.286	5.972.431	1.369.068	298.303	0	0	0	6.235.125	0	0	88.905	14.091.233	10,2
Vulcanismo	63.200	0	0	75.550	56.964	546.883	0	0	0	7.000	0	0	0	749.597	0,5
Epidemia	17.249	26.236	1.040.223	40	17.137	159.689	0	0	108.254	331.441	0	0	42.753	1.743.022	1,3
Hidrometeorológicos e climáticos	14.085.171	6.158.610	69.384.394	2.181.858	11.021.928	2.701.962	1.075.974	70.000	1.435.087	12.560.817	36.148	234.275	820.122	121.766.346	88,0
Geofísicos	149.265	18.050	23.286	6.047.981	1.426.032	845.186	0	0	0	6.242.125	0	0	88.905	14.840.830	10,7
Biológicos	17.249	26.236	1.040.223	40	17.137	159.689	0	0	108.254	331.441	0	0	42.753	1.743.022	1,3
Total	14.251.685	6.202.896	70.447.903	8.229.879	12.465.097	3.706.837	1.075.974	70.000	1.543.341	19.134.383	36.148	234.275	951.780	138.350.198	100,0

Fonte: adaptado de Guha-Sapir, Below e Hoyois (s.d.).

As perdas econômicas provocadas por desastres naturais entre 1960 e 2009 foram muito vultosas na América do Sul (Tab. 3.7), tendo havido forte contribuição dos fenômenos hidrometeorológicos e climáticos, em especial das inundações, que afetaram todos os países com exceção de Suriname, ainda que essa falta de informação revele mais a incapacidade de coleta desta do que a ausência de perdas econômicas. Além da deficiência do banco de dados do EM-DAT em virtude da falta de informação dos prejuízos oriundos de várias ocorrências e/ou países, as perdas econômicas são de diversas ordens, sendo difícil avaliar a extensão dos prejuízos, mesmo os mais diretos, como dias sem trabalhar, perdas de estoques, danos em instalações comerciais, industriais e residenciais e desabastecimento de água e energia. Ainda mais difícil é computar alguns tipos de prejuízos indiretos, como aqueles relacionados aos problemas de saúde decorrentes da tensão por passar por perigo de vida ou mesmo a perda de familiares e conhecidos. Além disso, é também árduo levantar perdas advindas de parcelas da população das quais se tem menos informação (geralmente as menos favorecidas), e, ainda que esses prejuízos possam ser individualmente pequenos, a recorrência de uma mesma pessoa ou família atingida e/ou o enorme número de perdas são expressivos. Ademais, alguns prejuízos perduram por muito tempo e podem não ser computados em sua real extensão. Todas essas deficiências na coleta dos dados alertam para o fato de que os danos foram possivelmente muito maiores do que os números que a fonte consultada projeta e mostram de forma clara a dificuldade na obtenção desse parâmetro, altamente subestimado.

No documento das Nações Unidas (UN, 2011), *World population prospects: the 2011 revision*, constam os riscos de desastres hidrometeorológicos e climáticos e geofísicos para aglomerados urbanos do mundo com população superior a 750.000 habitantes: 646 apresentam risco de alguma natureza, dos quais 56 são sul-americanos. Com base nessa informação, a Tab. 3.8 mostra o número de centros urbanos da América do Sul que apresentam risco de alguns fenômenos que desencadeiam desastres naturais (*hazards*) e revela, sem surpresa, que as inundações têm potencial de atingir mais cidades, havendo, também, grande probabilidade de grandes centros serem afetados por secas e terremotos. O oposto acontece com vulcanismo, que poderia ocorrer somente em uma cidade.

TAB 3.7 PREJUÍZOS ECONÔMICOS ($\times 10^5$ US$) POR DESASTRES NATURAIS, DISCRIMINADOS POR TIPO E POR PAÍS DA AMÉRICA DO SUL (1960-2009)

	Argentina	Bolívia	Brasil	Chile	Colômbia	Equador	Guiana	Guiana Francesa	Paraguai	Peru	Suriname	Uruguai	Venezuela	Total	%
Seca	1.200,0	9.656,0	47.231,0	2.550,0	0,0	17,0	290,0	0,0	0,0	2.960,0	0,0	2.500,0	0,0	66.404,0	15,1
Extremos de temperatura	0,0	0,0	10.750,0	200,0	0,0	0,0	0,0	0,0	0,0	0,0	0,0	0,0	0,0	10.950,0	2,5
Inundação	86.982,1	16.396,2	64.477,5	6.925,0	1.573,5	15.615,7	6.343,0	0,0	925,6	810,0	0,5	890,0	32.181,3	233.120,4	52,9
Movimento de massa seca	0,0	0,0	0,0	0,0	0,0	0,0	0,0	0,0	0,0	2.000,0	0,0	0,0	0,0	2.000,0	0,5
Movimento de massa úmida	150,0	4.000,0	860,3	60,0	4,0	5.000,0	0,0	0,0	0,0	10.135,0	0,0	0,0	8,0	20.217,3	4,6
Incêndio	1.000,0	0,0	360,0	4.800,0	0,0	0,0	0,0	0,0	300,0	0,0	0,0	0,0	0,0	6.460,0	1,5
Tempestade	750,0	0,0	4.410,0	93,0	530,5	0,0	0,0	0,0	0,0	120,0	0,0	250,0	45,0	6.198,5	1,4
Terremoto	800,0	0,0	50,0	28.024,6	23.096,7	15.150,0	0,0	0,0	0,0	15.051,5	0,0	0,0	1.370,0	83.542,8	19,0
Vulcanismo	0,0	0,0	0,0	150,0	10.000,0	1.609,8	0,0	0,0	0,0	0,0	0,0	0,0	0,0	11.759,8	2,7
Epidemia	0,0	0,0	0,0	0,0	0,0	0,0	0,0	0,0	0,0	0,0	0,0	0,0	0,0	0,0	0,0
Hidrometeorológicos e climáticos	90.082,1	30.052,2	128.088,8	14.628,0	2.108,0	20.632,7	6.633,0	0,0	1.225,6	16.025,0	0,5	3.640,0	32.234,3	345.350,2	78,4
Geofísicos	800,0	0,0	50,0	28.174,6	33.096,7	16.759,8	0,0	0,0	0,0	15.051,5	0,0	0,0	1.370,0	95.302,6	21,6
Biológicos	0,0	0,0	0,0	0,0	0,0	0,0	0,0	0,0	0,0	0,0	0,0	0,0	0,0	0,0	0,0
Total	90.882,1	30.052,2	128.138,8	42.802,6	35.204,7	37.392,5	6.633,0	0,0	1.225,6	31.076,5	0,5	3.640,0	33.604,3	440.652,8	100,0

Fonte: adaptado de Guha-Sapir, Below e Hoyois (s.d.).

TAB. 3.8 POSSIBILIDADE DE OCORRÊNCIA DE ALGUNS HAZARDS
EM AGLOMERADOS URBANOS DA AMÉRICA DO SUL COM
POPULAÇÃO ACIMA DE 750 MIL HABITANTES (56 CIDADES)

Ocorrência	Hazards					
	Seca	Terremoto	Inundação	Escorregamento	Vulcão	Total
Sim	45	21	50	6	1	123
Não	11	35	6	50	55	157

Fonte: adaptado de UN (2011).

A Tab. 3.9 reproduz as informações para os 56 aglomerados urbanos da América do Sul. O Brasil se sobressai, com 26 cidades sob risco de um ou mais perigos que se atrelam aos desastres naturais. Inicialmente poderia se explicar essa relação pelo fato de esse país ser o de maior dimensão, população total e com mais cidades com população superior a 750.000 habitantes; contudo, esses fatos não são os únicos contribuintes: por exemplo, Colômbia apresenta maior probabilidade do que Argentina, mesmo com área bem menor, e bem mais cidades sob risco do que Bolívia, que tem superfície similar; já Venezuela, cerca de três vezes menor que Argentina, apresenta o mesmo número de cidades sob risco que esse país. Assim, o número de cidades sob risco se associa às suas suscetibilidades, vulnerabilidades e à falta de políticas públicas que contemplem mais fortemente essa questão que, em diferentes graus, são escassas e precárias nas nações. Quito é o único centro urbano onde podem acontecer cinco tipos distintos de *hazards*, inclusive vulcanismo. Outros que apresentam grande grau de exposição ao risco são La Paz (Bolívia) e Bogotá, Cali, Cúcuta e Medellín (Colômbia). A fonte da informação também indica que haveria dois aglomerados na América do Sul com população acima de 750 mil pessoas que não apresentariam perigo a esses tipos de *hazards*: Salvador e Manaus, ambos brasileiros. Entretanto, essa informação não reflete a realidade dessas duas cidades, sabidamente expostas a inundações e secas e, no caso de Salvador, também a escorregamentos de encostas. Esse mesmo engano em relação a Salvador é observado na Fig. 2.2. Colômbia e, principalmente, Equador, são as nações da América do Sul que apresentam maior risco aos desastres geofísicos e hidrometeorológicos e climáticos sob a óptica da escala dos aglomerados urbanos, ainda que prover um índice nacional com base na média dos aglomerados com população superior a 750.000 habitantes não espelhe, necessariamente, a realidade da nação. A informação do Equador se coaduna com aquela constante na Fig. 2.2, mostrando que para as cidades desse país há consistência quanto à alta exposição ao risco.

Tab. 3.9 Aglomerados urbanos sul-americanos com população acima de 750.000 habitantes e os riscos de eventos que promovem desastres naturais

			Hazards					
País	Aglomerado	Pop. 2011 (× 1.000)	Seca	Terremoto	Inundação	Escorregamento	Vulcão	Tipos de *hazards*
Argentina	Buenos Aires	13.528	Sim	-	Sim	-	-	2
Argentina	Córdoba	1.556	Sim	-	Sim	-	-	2
Argentina	La Plata	759	Sim	-	Sim	-	-	2
Argentina	Mendoza	957	Sim	Sim	-	-	-	2
Argentina	Rosario	1.283	Sim	-	Sim	-	-	2
Argentina	San Miguel de Tucumán	868	Sim	-	Sim	-	-	2
Bolívia	La Paz	1.715	Sim	Sim	Sim	Sim	-	4
Bolívia	Santa Cruz	1.719	Sim	-	Sim	-	-	2
Brasil	Aracaju	764	Sim	-	Sim	-	-	2
Brasil	Baixada Santista	1.679	Sim	-	Sim	-	-	2
Brasil	Belém	2.069	-	-	Sim	-	-	1
Brasil	Belo Horizonte	5.487	Sim	-	Sim	-	-	2
Brasil	Brasília	3.813	Sim	-	Sim	-	-	2
Brasil	Campinas	2.846	-	-	Sim	-	-	1
Brasil	Campo Grande	788	Sim	-	-	-	-	1
Brasil	Cuiabá	800	Sim	-	Sim	-	-	2
Brasil	Curitiba	3.188	-	-	Sim	-	-	1

Tab. 3.9 Aglomerados urbanos sul-americanos com população acima de 750.000 habitantes e os riscos de eventos que promovem desastres naturais (Continuação)

País	Aglomerado	Pop. 2011 (× 1.000)	Seca	Terremoto	Inundação	Escorregamento	Vulcão	Tipos de hazards
Brasil	Florianópolis	1.043	-	-	Sim	-	-	1
Brasil	Fortaleza	3.591	Sim	-	Sim	-	-	2
Brasil	Goiânia	2.095	Sim	-	-	-	-	1
Brasil	Grande São Luís	1.330	Sim	-	Sim	-	-	2
Brasil	Grande Vitória	1.695	Sim	-	-	-	-	1
Brasil	João Pessoa	1.094	Sim	-	Sim	-	-	2
Brasil	Maceió	1.177	Sim	-	Sim	-	-	2
Brasil	Manaus	1.848	-	-	-	-	-	0
Brasil	Natal	1.293	Sim	-	Sim	-	-	2
Brasil	Norte/Nordeste Catarinense	1.135	Sim	-	Sim	-	-	2
Brasil	Porto Alegre	3.933	-	-	Sim	-	-	1
Brasil	Recife	3.733	Sim	-	Sim	-	-	2
Brasil	Rio de Janeiro	11.960	-	-	Sim	-	-	1
Brasil	Salvador	4.061	-	-	-	-	-	0
Brasil	São Paulo	19.924	-	-	Sim	-	-	1
Brasil	Sorocaba	799	-	-	Sim	-	-	1
Brasil	Teresina	914	Sim	-	Sim	-	-	2
Chile	Concepción	770	Sim	Sim	Sim	-	-	3
Chile	Santiago	6.034	Sim	Sim	Sim	-	-	3
Chile	Valparaíso	883	Sim	Sim	Sim	-	-	3
Colômbia	Barranquilla	1.900	Sim	Sim	Sim	-	-	3
Colômbia	Bogotá	8.743	Sim	Sim	Sim	Sim	-	4
Colômbia	Bucaramanga	1.120	Sim	Sim	Sim	-	-	3
Colômbia	Cali	2.453	Sim	Sim	Sim	Sim	-	4

Tab. 3.9 Aglomerados urbanos sul-americanos com população acima de 750.000 habitantes e os riscos de eventos que promovem desastres naturais (Continuação)

País	Aglomerado	Pop. 2011 (× 1.000)	Seca	Terremoto	Inundação	Escorregamento	Vulcão	Tipos de hazards
Colômbia	Cartagena	988	Sim	Sim	Sim	-	-	3
Colômbia	Cúcuta	791	Sim	Sim	Sim	Sim	-	4
Colômbia	Medellín	3.694	Sim	Sim	Sim	Sim	-	4
Equador	Guayaquil	2.287	Sim	Sim	Sim	-	-	3
Equador	Quito	1.622	Sim	Sim	Sim	Sim	Sim	5
Paraguai	Asunción	2.139	Sim	-	Sim	-	-	2
Peru	Arequipa	804	Sim	Sim	Sim	-	-	3
Peru	Lima	9.130	Sim	Sim	Sim	-	-	3
Uruguai	Montevideo	1.672	Sim	-	Sim	-	-	2
Venezuela	Barquisimeto	1.245	Sim	Sim	Sim	-	-	3
Venezuela	Caracas	3.242	Sim	Sim	Sim	-	-	3
Venezuela	Ciudad Guayana	799	Sim	-	Sim	-	-	2
Venezuela	Maracaibo	2.310	-	Sim	Sim	-	-	2
Venezuela	Maracay	1.115	Sim	Sim	Sim	-	-	3
Venezuela	Valencia	1.866	Sim	Sim	Sim	-	-	3

(Nota: a coluna de agrupamento *Hazards* abrange Seca, Terremoto, Inundação, Escorregamento e Vulcão.)

Fonte: adaptado de UN (2011).

3.2.2 Tendências temporais dos desastres naturais

A Fig. 3.5 apresenta, para o conjunto das nações da América do Sul, o percentual de desastres naturais, mortes, afetados e prejuízos para cada década avaliada, revelando aumento paulatino dos desastres ao longo do período estudado; ressalta-se que esses números podem estar subestimados, tendo em vista a maior dificuldade de obter informações nas primeiras décadas.

Os demais parâmetros mostraram declínio, especialmente o cômputo de vítimas fatais, que a despeito do maior registro de episódios calamitosos apresentou importante diminuição no decênio mais recente. O mesmo aconteceu com os afetados e prejuízos, ainda que de maneira menos expressiva. Contudo, os números absolutos continuaram elevados.

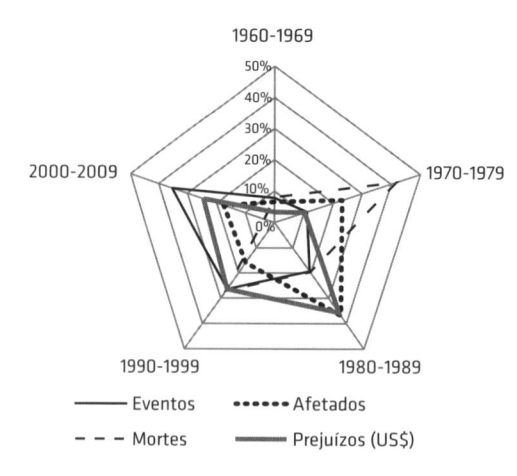

Fig. 3.5 *Contribuição relativa de desastres naturais, mortes, afetados e prejuízos econômicos para a América do Sul (1960-1969 a 2000-2009) Fonte: adaptado de Guha-Sapir, Below e Hoyois (s.d.).*

Um detalhamento dessa informação, discriminada para as três categorias utilizadas nesta análise, aparece nas Figs. 3.6 a 3.9. Mesmo lembrando que os episódios são mais facilmente reportados em anos recentes devido ao aumento da população e à maior facilidade de comunicação, nota-se pela Fig. 3.6 que tem havido mais catástrofes naturais na América do Sul, em especial, as de natureza hidrometeorológica e climática. Ainda que estudos mostrem aumento das precipitações nesse período, conforme relatado por Marengo et al. (2009), entre a primeira e a última década houve elevação superior a 400% de registro de desastres (de 51 para 257 ocorrências de desastres hidrometeorológicos e climáticos), o que supera, em muito, qualquer alteração positiva que os fenômenos hidrometeorológicos e climáticos possam ter tido entre 1960 e 2009.

Considerando somente a década mais recente, percebem-se tendências diferenciadas para as três categorias de catástrofes: as hidrometeorológicas e climáticas tiveram crescimento ainda superior ao das décadas precedentes; as geofísicas mantiveram-se estáveis; enquanto as epidemias registraram diminuição, o que, neste caso, poderia revelar o sucesso de campanhas de vacinação maciça que vêm acontecendo nos países.

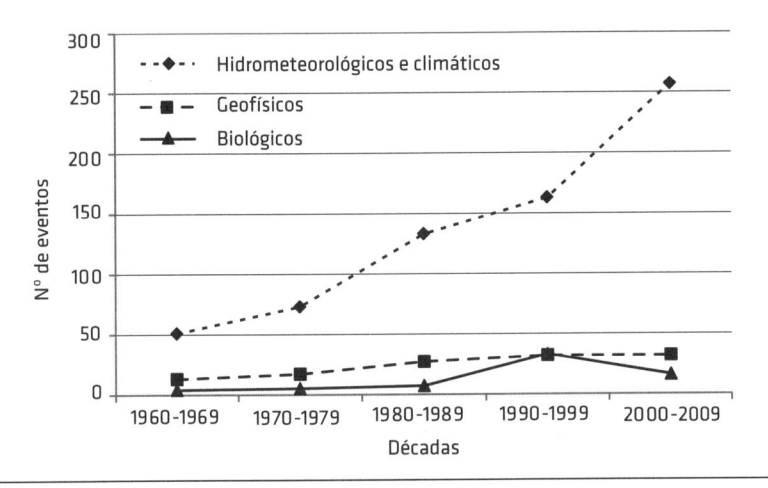

FIG. 3.6 *Número de desastres naturais na América do Sul, por tipos e década*
Fonte: adaptado de Guha-Sapir, Below e Hoyois (s.d.).

Como ponto bastante positivo, a perda de vidas por catástrofes naturais diminuiu sensivelmente na década mais recente (Figs. 3.5 e 3.7); o número elevado de fatalidades nas décadas de 1970 (evento geofísico) e 1990 (episódios hidrometeorológicos) espelham um único evento muito severo e localizado em cada um desses períodos, que serão discutidos adiante.

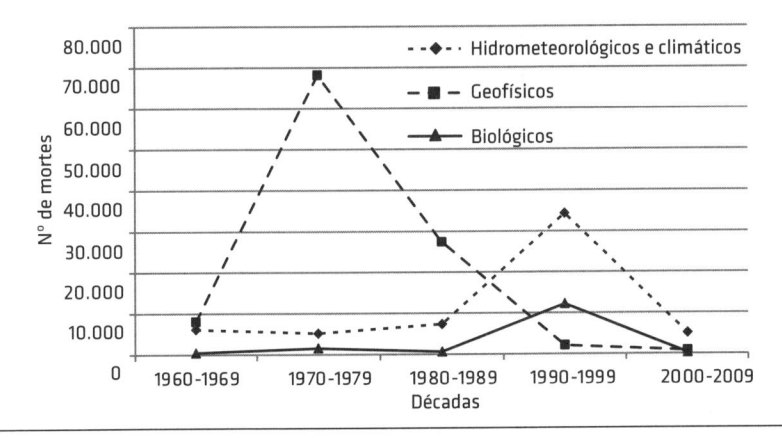

FIG. 3.7 *Mortes por desastres naturais na América do Sul, por tipos e década*
Fonte: adaptado de Guha-Sapir, Below e Hoyois (s.d.).

Também houve declínio no número de afetados nos decênios mais recentes quando comparados com as décadas de 1970 e 1980, ainda que menor do que o de óbitos. Em termos absolutos, essas cifras são ainda muito elevadas, principalmente no caso dos atingidos por fenômenos hidrometeorológicos e climáticos (Fig. 3.8).

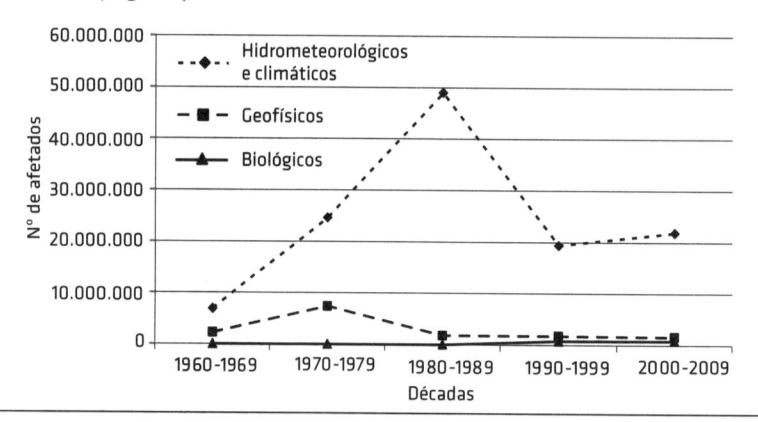

FIG. 3.8 *Afetados por desastres naturais na América do Sul, por tipos e década*
Fonte: adaptado de Guha-Sapir, Below e Hoyois (s.d.).

Os prejuízos na América do Sul provenientes dos desastres naturais foram muito vultosos e certamente tiveram peso extraordinário na economia dessas nações, principalmente porque, ao longo desses 50 anos, todas passaram por crises agudas e duradouras (Fig. 3.9).

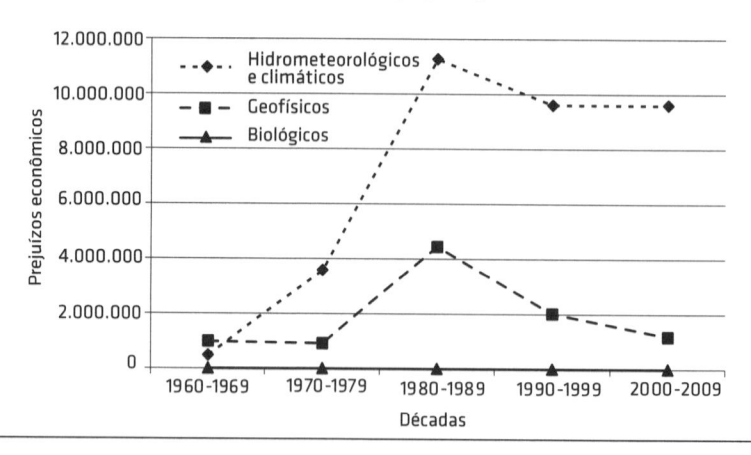

FIG. 3.9 *Prejuízos econômicos por desastres naturais na América do Sul,*
por tipos e década (US$)
Fonte: adaptado de Guha-Sapir, Below e Hoyois (s.d.).

As Figs. 3.10 a 3.13 exibem, respectivamente, a distribuição por décadas de cada tipo de desastre em termos de número de ocorrências, óbitos, afetados e perdas financeiras. Houve aumento progressivo dos episódios hidrometeorológicos e climáticos, especialmente das inundações, que são as calamidades mais frequentes. Os anos 1990 apresentaram número maior de epidemias, que declinaram subsequentemente (Fig. 3.10).

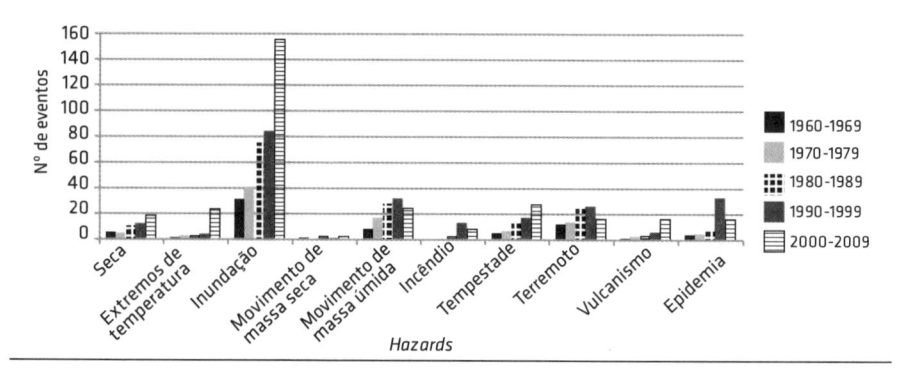

FIG. 3.10 *Número de desastres naturais por década, discriminados por tipos para o conjunto dos países sul-americanos*
Fonte: adaptado de Guha-Sapir, Below e Hoyois (s.d.).

Na década de 1980, as ocorrências geofísicas foram mais mortais, mas, na seguinte, houve muitas perdas de vidas por inundações e epidemias. Porém, o grande destaque foi o decênio de 1970, com enorme contribuição de um terremoto registrado no Peru, que será discutido mais adiante (Fig. 3.11).

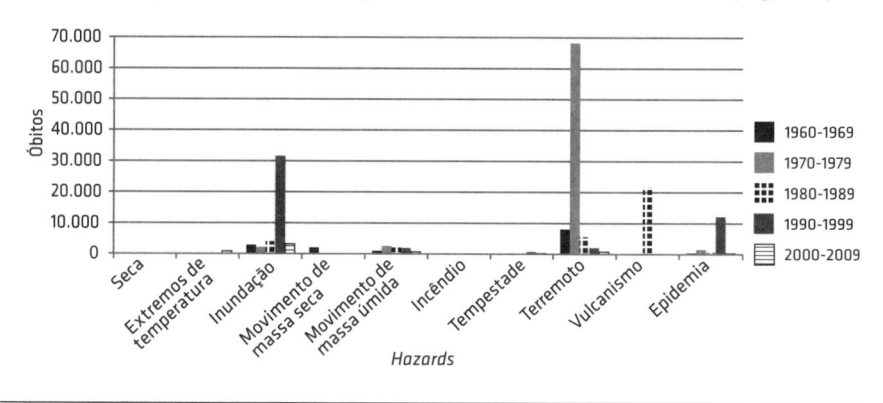

FIG. 3.11 *Óbitos por desastres naturais por década, discriminados por tipos para o conjunto dos países sul-americanos*
Fonte: adaptado de Guha-Sapir, Below e Hoyois (s.d.).

A Fig. 3.12 revela que secas e inundações causaram mais afetados e que o passar do tempo não modificou sobremaneira a situação. Em contraste, houve diminuição de atingidos por terremotos, mas, como os eventos geofísicos não decresceram drasticamente, poderia se atribuir essa tendência à melhoria de ações quando dessas ocorrências, e/ou registro de abalos sísmicos de menor intensidade, e/ou episódios em áreas mais remotas.

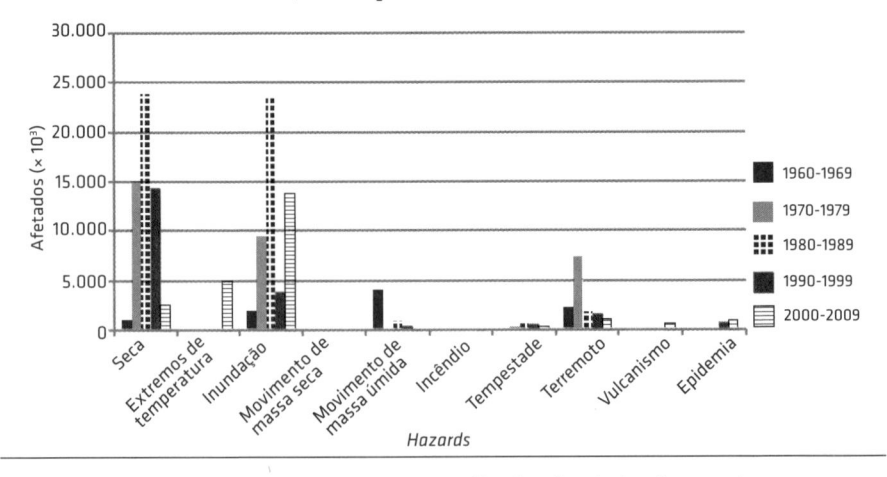

FIG. 3.12 *Afetados por desastres naturais por década, discriminados por tipos para o conjunto dos países sul-americanos*

Fonte: adaptado de Guha-Sapir, Below e Hoyois (s.d.).

Inundações, terremotos e secas foram os fenômenos que causaram mais danos econômicos (Fig. 3.13), mas a situação não é uniforme entre esses fenômenos: enquanto as perdas por abalos sísmicos decresceram, elas se tornaram constantemente altas no caso de secas e inundações, estas últimas, conforme já assinalado, causadoras de maiores prejuízos. Os anos 1980 se destacaram por prejuízos oriundos tanto de fenômenos hidrometeorológicos e climáticos como de geofísicos.

A relação entre total da população e desastres naturais registrados no mesmo período aparece na Tab. 3.10, que demonstra que década a década houve incremento tanto de desastres naturais como de população; no entanto, enquanto nos 20 primeiros anos o aumento das catástrofes foi menor do que o da população, nos dois decênios mais recentes elas cresceram de forma mais acelerada, indicativo de que as áreas se tornaram mais alteradas e suscetíveis, e/ou as populações, mais vulneráveis aos desastres.

A relação entre população e óbitos não foi homogênea ao longo dos 50 anos examinados: destacam-se as décadas de 1970 e 1990, quando proporcionalmente aconteceram mais mortes por desastres naturais, em especial nos anos 1970. Houve proporcionalidade na relação população e vítimas fatais na década de 1980, e também nessa comparação se observa aumento de óbitos superior ao incremento populacional na década de 1990, estabelecida pelas Nações Unidas como um marco para a redução das catástrofes naturais. Conforme assinalado, nos dez anos mais recentes, a queda das vítimas fatais foi substancialmente mais acelerada do que o incremento populacional.

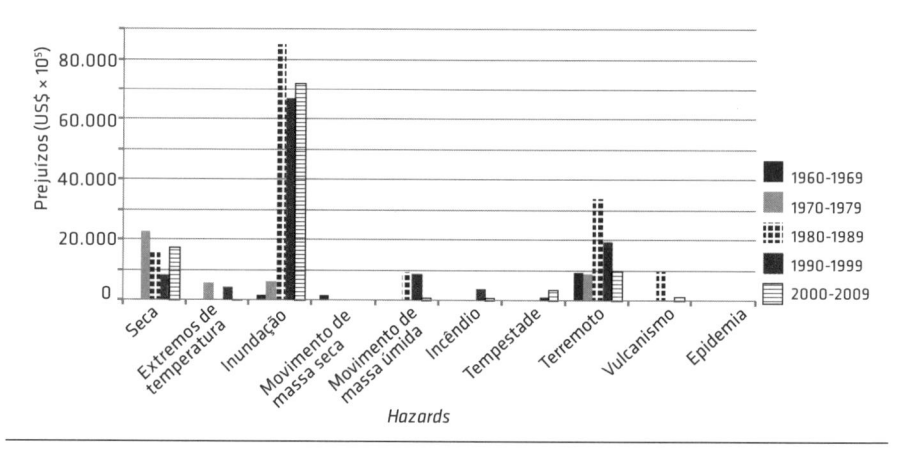

FIG. 3.13 *Prejuízos econômicos por desastres naturais por década, discriminados por tipos para o conjunto dos países sul-americanos*
Fonte: adaptado de Guha-Sapir, Below e Hoyois (s.d.).

TAB. 3.10 EVOLUÇÃO DA POPULAÇÃO, EVENTOS, MORTES, AFETADOS E PREJUÍZOS FINANCEIROS POR DESASTRES NATURAIS EM CINCO DÉCADAS PARA A AMÉRICA DO SUL

Década	População	Eventos	Mortes	Afetados	Prejuízos (× 10³ US$)
1960-1969	147.652.678	68	14.588	9.176.875	1.458.155
1970-1979	191.459.162	95	74.885	32.025.661	4.492.970
1980-1989	240.850.047	167	35.284	50.811.983	15.712.500
1990-1999	295.575.394	228	48.570	21.971.058	11.621.716
2000-2009	347.430.079	305	6.141	24.364.621	10.779.925
Total	1.222.967.360	863	179.468	138.350.198	44.065.266

Fonte: adaptado de Guha-Sapir, Below e Hoyois (s.d.) e UN (2011).

Os prejuízos econômicos aparecem de forma contundente na América do Sul, tendo acontecido em ritmo maior do que o do aumento da população nas décadas de 1990 e, principalmente, 1980; no decênio mais recente, o crescimento das perdas é ligeiramente inferior ao populacional, mas é fato que as catástrofes naturais vêm onerando pesadamente as economias sul-americanas; aspecto que ganha vulto ao se recordar a ausência desse tipo de informação em grande parte dos registros de desastres naturais nos países da América do Sul.

A evolução do número de ocorrências, mortos, afetados e as perdas econômicas por nação, em termos relativos e para cada uma das cinco décadas em análise, podem ser conferidas nas Figs. 3.14 a 3.17. O raio dos círculos é proporcional aos registros dos países. O primeiro desse conjunto de quatro mapas demonstra que as ocorrências aumentaram com o passar das décadas e que, em todos os países, a contribuição dos 20 últimos anos superou a dos 30 anos precedentes. No caso da Guiana Francesa, os registros são relativos somente à década de 1990. No Suriname, após décadas sem recorrência, elas voltaram a acontecer nos anos 2000, com grande concentração, assim como na Argentina.

Na Fig. 3.15, percebe-se quadro mais complexo e diferenciado por país quanto às fatalidades: no caso do Chile e Peru, por exemplo, a diminuição das mortes ocorreu em ritmo maior. No Suriname e na Guiana, houve concentração de óbitos em uma única década. O peso dos megadesastres fica bem claro ao se examinar a distribuição temporal para Peru, Colômbia e Venezuela. A não existência de registro na Guiana Francesa é encarada com desconfiança, mas é a informação constante na base de dados.

A Fig. 3.16 mostra que o número de afetados no Brasil é desproporcionalmente elevado, respondendo por mais da metade dos registrados em todas as nações sul-americanas. No entanto, em termos de distribuição por década, o quadro é bem distinto entre os países: de um lado, Argentina, Chile, Bolívia e Brasil tiveram declínio nos 20 anos mais recentes analisados, tendo acontecido o oposto no Uruguai, Paraguai, Suriname, Guiana, Guiana Francesa e Venezuela. Para Peru, Colômbia e Equador, a distribuição dos atingidos entre as décadas foi menos diferenciada.

O quadro referente às perdas econômicas por decênio (Fig. 3.17) é também distinto entre as nações. Esse é o parâmetro com informações mais deficientes, revelando muito mais a incapacidade de coletar dados do que a inexistência de perdas econômicas. Como a figura foi feita de forma comparativa entre os países, a participação relativa de Paraguai e Uruguai, além da Guiana Francesa, foi inferior a 1%, motivo pelo qual os dados nem aparecem.

Nas duas décadas mais recentes, houve maiores perdas em quase todos os países, com exceção de Brasil, Chile, Peru e Venezuela. Alguns países tiveram grandes perdas concentradas em um ou dois decênios, como Venezuela (anos 1960 e 1990), Colômbia (decênio 1990 e 1980), Brasil (década de 1960), Bolívia e Argentina (anos 1980) e Guiana (década de 2000); nos demais países, as perdas foram menos heterogêneas temporalmente.

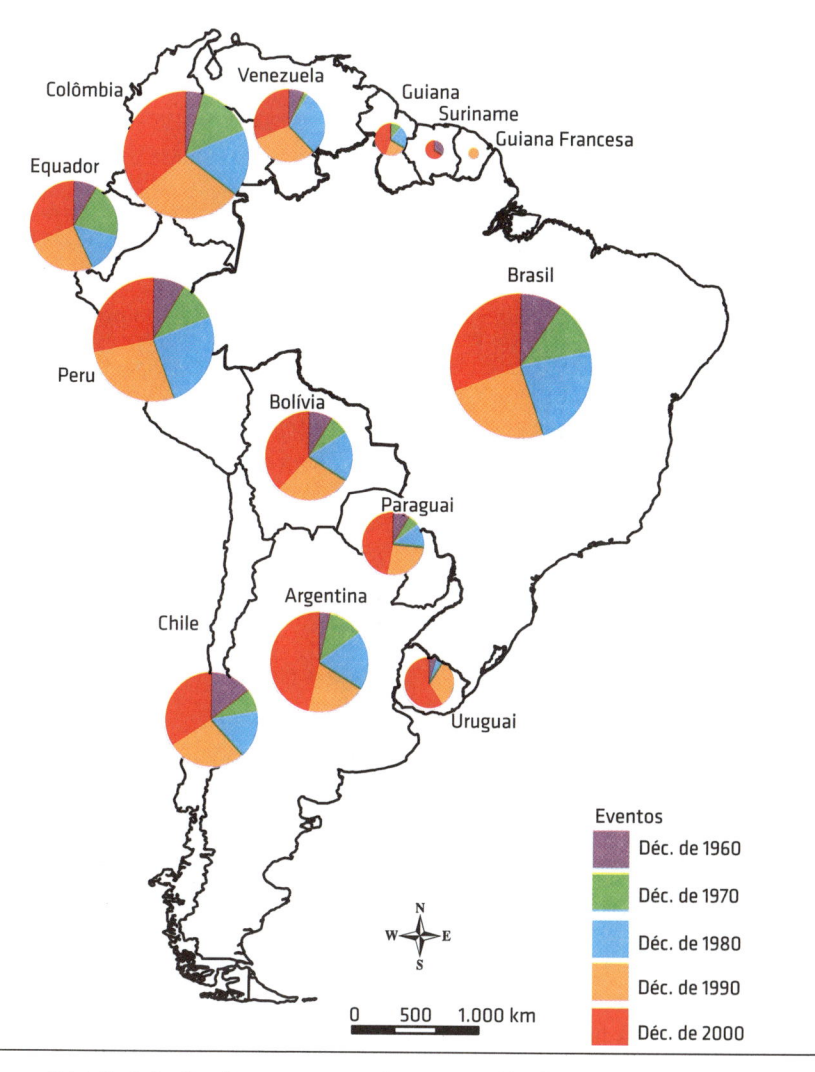

FIG. 3.14 *Distribuição dos desastres naturais entre as décadas de 1960 e 2000, por país sul-americano*

Fonte: adaptado de Guha-Sapir, Below e Hoyois (s.d.) por Lucí Hidalgo Nunes e Beatriz Barbi.

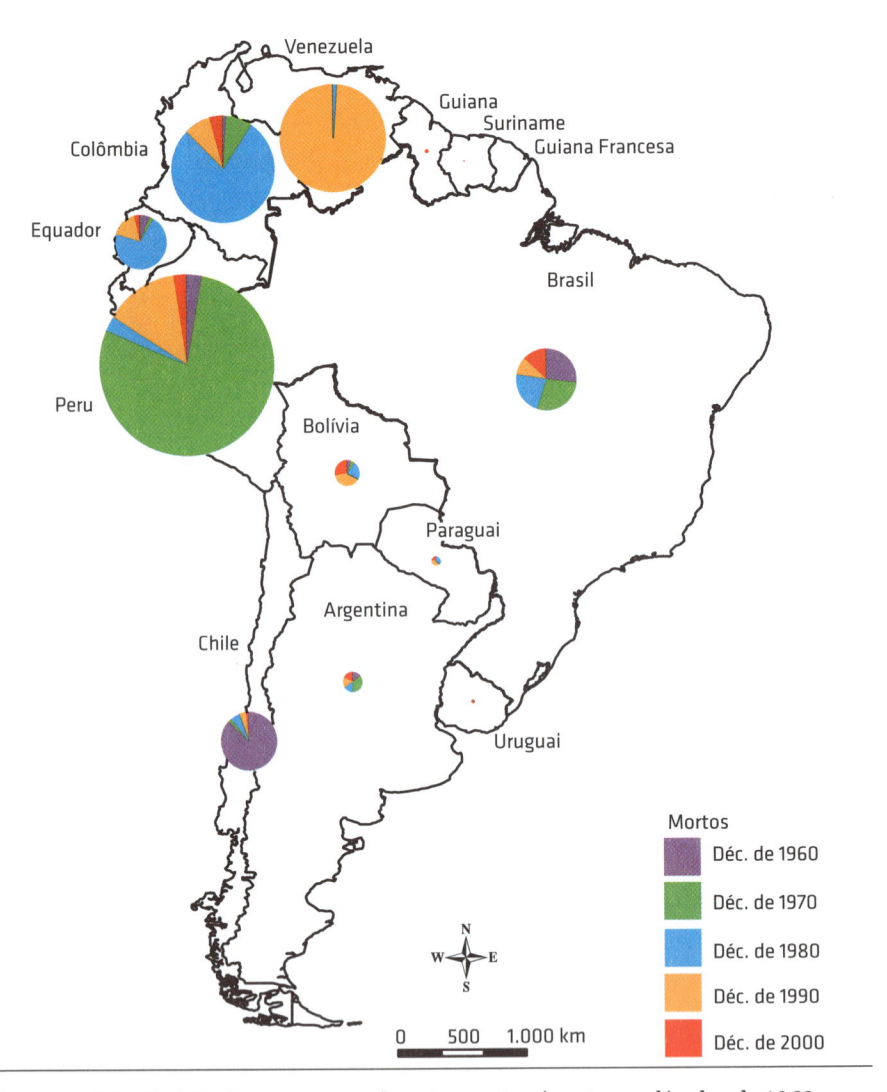

FIG. 3.15 *Distribuição dos mortos por desastres naturais entre as décadas de 1960 e 2000, por país sul-americano*
Fonte: adaptado de Guha-Sapir, Below e Hoyois (s.d.) por Lucí Hidalgo Nunes e Beatriz Barbi.

A Tab. 3.11 apresenta os 20 desastres naturais que causaram mais mortes, entendidos, então, como as maiores tragédias que marcaram as nações da América do Sul. Essas ocorrências ceifaram 149.877 vidas que, em relação ao total de óbitos de todos os desastres do período (Tab. 3.10), corresponderam a 83,5%. Além disso, a dimensão das três primeiras é bem maior do que a das demais. Os eventos geofísicos (8 em 20) provocaram mais fatalidades (68,3%),

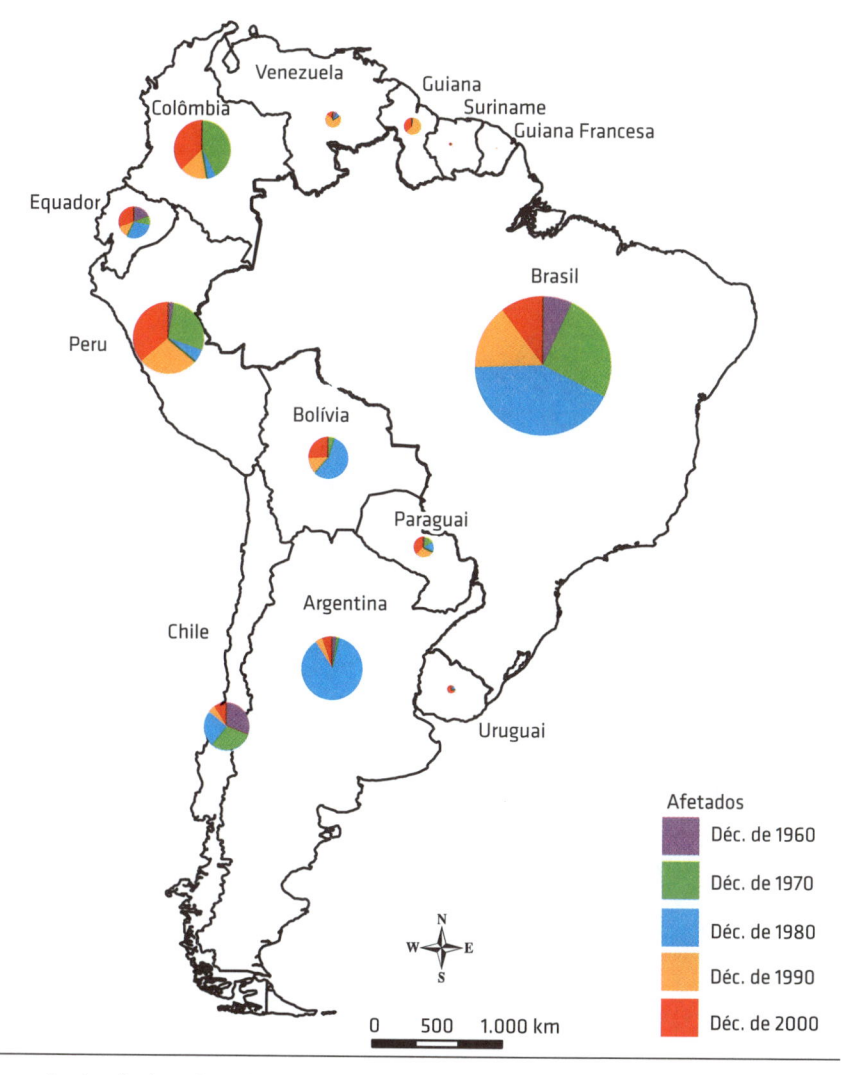

Fig. 3.16 *Distribuição dos afetados por desastres naturais entre as décadas de 1960 e 2000, por país sul-americano*

Fonte: adaptado de Guha-Sapir, Below e Hoyois (s.d.) por Lucí Hidalgo Nunes e Beatriz Barbi.

seguidos pelos hidrometeorológicos e climáticos (8 em 20, 23,7%) e biológicos (4 em 20, 8,0%). A dramaticidade da pior catástrofe – um terremoto em maio de 1970 no Peru, associado a movimento de massa – pode ser identificada não apenas pelo total de vítimas fatais, mas também pelo fato de que ela causou mais do dobro de mortes em relação ao segundo pior desastre. Peru e Colômbia somam mais da metade dos registros (13 em 20), seis deles entre os dez piores, o que coloca essas nações em evidência. Por outro lado, Paraguai, Argentina, Uruguai, Guiana e Suriname não tiveram nenhum evento entre os 20 piores da América do Sul no período. Dos 20 desastres, apenas um ocorreu no decênio mais recente, chamando mais uma vez a atenção para a década de 1990, quando esforços foram realizados para a diminuição dos desastres naturais no mundo; contudo, esse foi o decênio que registrou maior número de ocorrências que provocaram muitas mortes na América

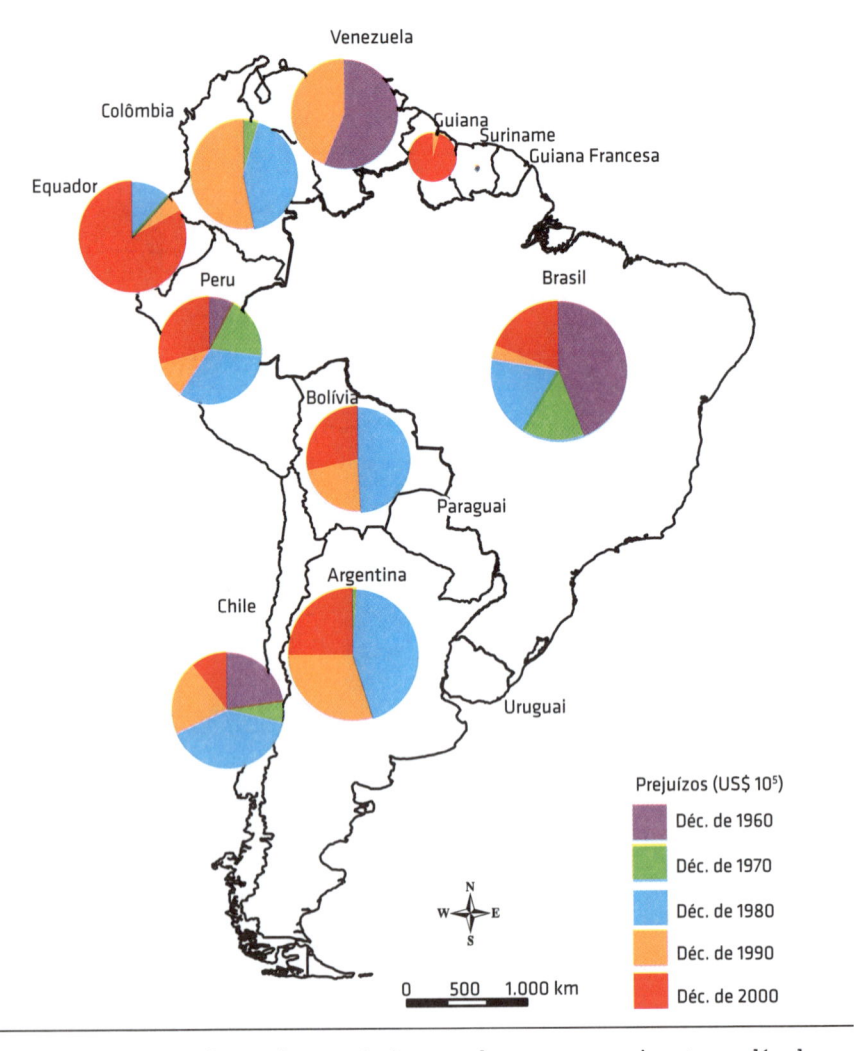

FIG. 3.17 *Distribuição das perdas econômicas por desastres naturais entre as décadas de 1960 e de 2000, por país sul-americano*

Fonte: adaptado de Guha-Sapir, Below e Hoyois (s.d.) por Lucí Hidalgo Nunes e Beatriz Barbi.

do Sul. Também merece menção o fato de que, na fonte dos dados, aparece uma data associada às epidemias que, todavia, provavelmente corresponde à coleta de dados acumulados por período mais extenso.

TAB. 3.11 Os 20 desastres naturais na América do Sul que causaram mais óbitos entre 1960 e 2009

	País	Desastre	Data	Óbitos
1	Peru	Terremoto	31/5/1970	66.794
2	Venezuela	Inundação	15/12/1999	30.000
3	Colômbia	Vulcão	13/11/1985	21.800
4	Peru	Epidemia	18/8/1991	8.000
5	Chile	Terremoto	21/5/1960	6.000
6	Equador	Terremoto	5/3/1987	5.000
7	Peru	Movimento de massa seca	10/1/1962	2.000
8	Peru	Epidemia	31/1/1991	1.726
9	Brasil	Epidemia	1/1/1974	1.500
10	Colômbia	Terremoto	25/1/1999	1.186
11	Brasil	Inundação	23/1/1967	785
12	Peru	Epidemia	1/1/1992	690
13	Colômbia	Movimento de massa úmida	27/9/1987	640
14	Chile	Inundação	1/7/1965	600
15	Peru	Movimento de massa úmida	18/3/1971	600
16	Peru	Terremoto	15/8/2007	593
17	Colômbia	Terremoto	12/12/1979	579
18	Peru	Tempestade	24/12/1997	518
19	Brasil	Movimento de massa úmida	19/3/1967	436
20	Colômbia	Terremoto	1/11/1970	430

Fonte: adaptado de Guha-Sapir, Below e Hoyois (s.d.).

A soma dos afetados pelos 20 maiores desastres naturais nas últimas cinco décadas contabilizou a impressionante cifra de 82.989.051 pessoas (Tab. 3.12). Os quatro países com maior população em 2010 (Tab. 3.2) são também os que tiveram mais afetados por grandes calamidades na América do Sul. Ainda que os eventos geofísicos tenham provocado muitos óbitos, os hidrometeorológicos e climáticos responderam pela grande maioria das ocorrências que engendraram muitos afetados (14 em 20, 86,4% do total); deles, as secas foram as mais trágicas, incidindo de maneira particularmente dramática no

Brasil, onde aconteceram os três piores casos. Nenhum dos 20 episódios que causaram mais afetados foi de origem biológica. O que gerou mais mortes (terremoto no Peru, Tab. 3.11) igualmente atingiu grande número de pessoas. Sublinha-se a influência do forte El Niño de 1982 a 1983, que tanto provocou a maior seca no Brasil como o quarto pior episódio em número de afetados (inundação na Argentina), tendo sido esse evento um marco para estudos com vistas ao conhecimento científico, inclusive em termos de impactos socioeconômicos desse fenômeno.

TAB. 3.12 OS 20 DESASTRES NATURAIS NA AMÉRICA DO SUL
QUE CAUSARAM MAIS AFETADOS ENTRE 1960 E 2009

	País	Desastre	Data	Afetados
1	Brasil	Seca	set. 1983	20.000.000
2	Brasil	Seca	ago. 1970	10.000.000
3	Brasil	Seca	abr. 1998	10.000.000
4	Argentina	Inundação	maio 1983	5.830.000
5	Colômbia	Inundação	nov. 1970	5.105.000
6	Argentina	Inundação	23/3/1988	4.600.000
7	Brasil	Movimento de massa úmida	11/1/1966	4.000.000
8	Peru	Terremoto	31/5/1970	3.216.240
9	Chile	Terremoto	8/7/1971	2.348.973
10	Peru	Seca	ago. 1990	2.200.000
11	Peru	Extremo de temperatura	1/6/2004	2.137.467
12	Chile	Terremoto	21/5/1960	2.003.000
13	Peru	Extremo de temperatura	7/7/2003	1.839.888
14	Bolívia	Seca	abr. 1983	1.583.049
15	Peru	Terremoto	1/3/1972	1.575.000
16	Bolívia	Seca	dez. 1983	1.500.000
17	Chile	Terremoto	3/3/1985	1.482.275
18	Colômbia	Terremoto	25/1/1999	1.205.933
19	Colômbia	Inundação	15/9/2008	1.200.091
20	Colômbia	Inundação	20/10/2007	1.162.135

Fonte: adaptado de Guha-Sapir, Below e Hoyois (s.d.).

A Tab. 3.13 mostra que aproximadamente 75,0% das perdas econômicas causadas pelos 20 episódios que geraram mais prejuízos foram de natureza hidrometeorológica e climática. Brasil e Argentina responderam por 65,0%

das ocorrências, ainda que a lista seja encabeçada pela Venezuela, cujas perdas foram bem acima do segundo evento. Mais uma vez, alerta-se que não estão computados os prejuízos econômicos gerados pelas epidemias que, no entanto, foram a causa de muitas mortes na América do Sul nas últimas décadas. Alerta-se que a seca é um fenômeno mais difuso, o que dificulta a definição de seu início e término, ainda que, em alguns casos, conste no banco do EM-DAT um período preciso, como é o caso do 18º evento, da Tab. 3.13.

Tab. 3.13 Os 20 desastres naturais na América do Sul
que causaram mais perdas econômicas entre 1960 e 2009

	País	Desastre	Data	Prejuízos (× 10^3 US$)
1	Venezuela	Inundação	15/12/1999	3.160.000
2	Colômbia	Terremoto	25/1/1999	1.857.366
3	Brasil	Seca	dez. 2004	1.650.000
4	Chile	Terremoto	3/3/1985	1.500.000
5	Equador	Terremoto	5/3/1987	1.500.000
6	Argentina	Inundação	1/10/1985	1.300.000
7	Argentina	Inundação	11/4/1998	1.100.000
8	Argentina	Inundação	28/4/2003	1.028.210
9	Argentina	Inundação	1/5/1983	1.000.000
10	Brasil	Inundação	1/6/1984	1.000.000
11	Brasil	Inundação	2/2/1988	1.000.000
12	Colômbia	Vulcão	13/11/1985	1.000.000
13	Equador	Inundação	30/1/2008	1.000.000
14	Peru	Movimento de massa úmida	1/1/1983	988.800
15	Argentina	Inundação	1/8/1983	800.000
16	Argentina	Inundação	1/10/2001	750.000
17	Brasil	Inundação	22/11/2008	750.000
18	Brasil	Seca	1/11/1985	651.000
19	Brasil	Inundação	1/9/1993	600.000
20	Brasil	Extremo de temperatura	1/7/1975	600.000

Fonte: adaptado de Guha-Sapir, Below e Hoyois (s.d.).

Comparando as informações das Tabs. 3.11, 3.12 e 3.13, percebe-se que houve nove correspondências entre os eventos que provocaram mais mortes e/ou afetados e/ou prejuízos econômicos, mas apenas um deles (o terremoto na Colômbia, em 25 de janeiro de 1999) apareceu nas três categorias. O episódio que provocou o segundo maior número de mortes e as maiores perdas (evento na Venezuela, em 15 de dezembro de 1999) não apareceu entre os que promoveram maior número de afetados. Adicionalmente, o desastre que causou mais mortes foi o oitavo em número de afetados, mas não está entre os 20 maiores prejuízos econômicos. Ainda considerando as três tabelas, há somente dois casos de extremos de temperatura, um causando grande número de afetados (Peru), e outro, de prejuízos (Brasil): nos dois casos, foram ondas de frio.

A Tab. 3.14 revela padrão bastante distinto entre o número de calamidades que provocaram perda de vidas humanas, atingidos e prejuízos econômicos entre as décadas em comparação. Na década de 1990, consagrada à redução dos desastres naturais, houve seis casos entre os que provocaram mais óbitos, mas houve redução brusca e importante desse parâmetro no decênio seguinte. Os anos 1980 concentraram episódios que causaram mais afetados e danos, enquanto a década de 1960 foi a menos dramática no cômputo geral. Apesar da maior dificuldade em contabilizar informações nos períodos mais antigos, houve evolução no advento das grandes catástrofes, o que contrasta fortemente com os progressos em outras esferas que as nações sul-americanas tenham experimentado nesses 50 anos.

Tab. 3.14 Ocorrências que produziram mortos, afetados e prejuízos econômicos, considerando os 20 eventos mais dramáticos da América do Sul entre 1960 e 2009, por décadas

	Décadas				
	1960	1970	1980	1990	2000
Mortos	5	5	6	3	1
Afetados	2	5	6	3	4
Prejuízos	0	1	10	4	5

Fonte: adaptado de Guha-Sapir, Below e Hoyois (s.d.).

A Tab. 3.15 mostra, anualmente, a distribuição de ocorrências que deflagraram calamidades naturais na América do Sul e suas consequências, bem como o número de países atingidos. Os anos com maior número de mortos (1970), afetados (1983) e prejuízos econômicos (1999) foram aqueles de registro das grandes tragédias: respectivamente o grande terremoto de maio de 1970, no Peru, as secas e inundações provocadas por forte El Niño em 1983, o terremoto na Colômbia e a corrida de lama e inundações associadas na costa da Venezuela, ambos no ano de 1999. Os megadesastres não foram os únicos episódios calamitosos nesses anos, porém, pesaram consideravelmente. Houve claro aumento de ocorrências com o passar dos anos e também de países atingidos, ainda que esse último fato não deva ser interpretado como o mesmo evento afligindo as nações, tendo em vista a diversidade física e socioespacial dos países, mesmo considerando que isso possa acontecer em algumas circunstâncias específicas, como o El Niño de 1983, que impactou diferentes nações na América do Sul. O ano de 1961 foi o único na sequência sem registro de nenhum episódio mais grave na América do Sul. Não houve relação direta entre grande número de eventos e de vítimas: por exemplo, tanto 1991 como 1992 registraram 23 desastres naturais, mas o número de mortos, afetados e danos divergiu bastante; já 1960 teve poucas ocorrências, mas um número enorme de afetados.

TAB. 3.15 DISTRIBUIÇÃO DE NÚMERO DE PAÍSES AFETADOS, EVENTOS, MORTOS, AFETADOS E PREJUÍZOS, POR ANO

	Número de países	Eventos	Mortos	Afetados	Danos ($\times\ 10^5$ US$)
1960	2	3	6.627	2.003.000	5.500
1961	0	0	0	0	0
1962	3	6	2.378	0	2.000
1963	2	2	280	13.860	2.350
1964	3	5	104	722.000	5
1965	6	12	1.289	740.850	1.581
1966	8	13	1.196	4.608.990	1.080
1967	7	13	1.682	655.670	1.271
1968	5	6	148	147.703	582
1969	6	8	884	284.802	213
1970	5	14	67.920	18.822.631	7.521
1971	8	14	1.446	2.832.379	2.450
1972	3	3	182	1.575.000	200
1973	5	8	830	35.472	160
1974	6	11	2.767	571.174	1.732
1975	3	7	264	828.707	8.549
1976	2	6	141	45.016	40
1977	7	15	214	281.840	978
1978	5	8	77	208.700	23.020
1979	6	9	1.044	6.824.742	280
1980	7	11	248	365.324	0
1981	4	11	515	87.571	160

Tab. 3.15 Distribuição de número de países afetados, eventos, mortos, afetados e prejuízos, por ano (Continuação)

	Número de países	Eventos	Mortos	Afetados	Danos ($\times 10^5$ US$)
1982	8	13	1.015	962.300	6.321
1983	8	22	1.640	33.592.353	45.973
1984	6	13	737	729.887	20.030
1985	8	16	22.334	3.381.888	48.810
1986	8	20	500	1.172.027	989
1987	8	24	6.477	1.367.983	18.508
1988	9	21	1.328	7.963.109	16.184
1989	8	16	517	1.189.541	150
1990	9	19	427	2.649.501	370
1991	9	23	11.344	623.113	2.234
1992	10	23	1.257	1.725.070	15.258
1993	7	19	936	400.588	16.805
1994	7	17	466	374.033	6.184
1995	8	25	443	609.842	147
1996	8	16	353	464.342	70
1997	11	29	1.394	1.839.329	6.981
1998	8	28	443	10.803.799	12.690
1999	10	29	31.480	2.481.441	55.479
2000	11	39	478	715.145	4.150
2001	8	35	532	2.115.200	12.509
2002	10	40	601	1.138.142	4.350
2003	9	27	890	2.442.639	14.522
2004	9	23	309	2.918.414	20.004
2005	10	24	444	1.054.719	5.312
2006	11	19	254	1.117.820	3.568
2007	8	29	1.128	5.645.651	15.300
2008	11	34	620	4.426.900	20.460
2009	9	35	885	2.789.991	7.625

Fonte: adaptado de Guha-Sapir, Below e Hoyois (s.d.).

A distribuição mensal das três categorias de desastres naturais (Fig. 3.18 e Tab. 3.16) não configura padrão claro na ocorrência de calamidades geofísicas e hidrometeorológicas e climáticas: no primeiro caso, isso seria mesmo esperado, já que os fenômenos dessa natureza são independentes de condições

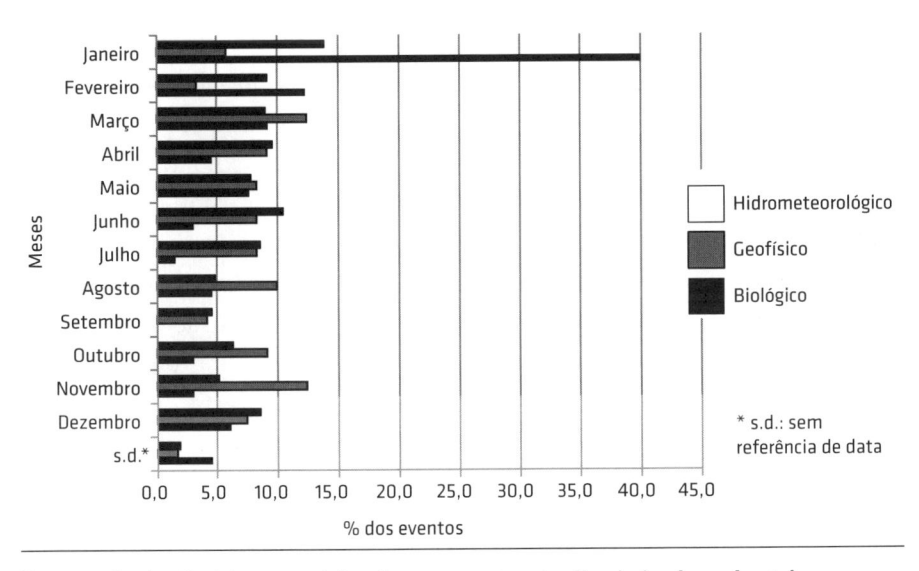

FIG. 3.18 *Distribuição mensal dos desastres naturais, discriminados pelas três principais categorias (1960-2009)*

Fonte: adaptado de Guha-Sapir, Below e Hoyois (s.d.).

TAB. 3.16 DISTRIBUIÇÃO MENSAL DOS DESASTRES NATURAIS POR SUBTIPOS PARA O CONJUNTO DOS PAÍSES SUL-AMERICANOS ENTRE 1960 E 2009

	Seca	Extremos de temperatura	Inundação	Movimento de massa seca	Movimento de massa úmida	Incêndio	Tempestade	Terremoto	Vulcanismo	Epidemia	Total
Jan.	7	2	60	1	11	6	7	5	2	26	127
Fev.	2	0	41	0	12	3	4	4	0	8	74
Mar.	2	0	41	0	14	1	3	11	4	6	82
Abr.	3	1	40	0	17	2	2	8	3	3	79
Maio	1	3	31	0	13	0	5	7	3	5	68
Jun.	6	4	36	1	10	0	14	8	2	2	83
Jul.	3	19	23	2	3	0	8	8	2	1	69
Ago.	3	1	19	0	2	4	4	8	4	3	48
Set.	3	1	9	0	4	5	9	4	1	0	36
Out.	5	0	26	0	6	0	6	10	1	2	56
Nov.	3	0	22	1	6	0	3	11	4	2	52
Dez.	4	2	34	1	11	1	5	6	3	4	71
s.d.	8	0	4	0	0	1	0	2	0	3	18
Total	50	33	386	6	109	23	70	92	29	65	863

Fonte: adaptado de Guha-Sapir, Below e Hoyois (s.d.).

atmosféricas; já a distribuição mensal das ocorrências na segunda categoria assinala os vários tipos de fenômenos engendrados por condições climáticas, sendo alguns mais próprios do verão (como inundações, ainda que elas ocorram em todas as épocas) e outros mais comuns no inverno (como temperaturas extremas baixas). Além disso, na América do Sul, há terras tanto no hemisfério Norte – ainda que em baixas latitudes, o que faz com que as condições ao longo do ano variem pouco – como no hemisfério Sul – nesse caso, com maior diferenciação dos climas pela dimensão muito maior. Diferentemente, as epidemias apresentam caráter mais sazonal, estando muito concentradas no início do ano, que, na maior parte das terras da América do Sul, corresponde ao verão (mesmo nas áreas do hemisfério Norte as latitudes são mais baixas e, com isso, as condições ao longo do ano variam pouco). Isso assinala que as epidemias que têm assolado a América do Sul são bastante relacionadas às condições de alta umidade e temperatura; é o caso da dengue em suas várias formas.

3.2.3 OS DESASTRES NATURAIS NA AMÉRICA NO SUL EM COMPARAÇÃO COM OUTRAS ÁREAS DO MUNDO

Entre 1900 e 2011 o número das calamidades aumentou em todo o planeta, com pico maior no início dos anos 2000. Kellett e Sparks (2012) assinalam que entre 2000 e 2009 mais de 2,2 bilhões de pessoas foram afetadas por desastres naturais no mundo, que provocaram perto de 840.000 óbitos e prejuízos de ao menos US$ 891 bilhões. Dados do United Nations Office for Disaster Risk Reduction (UNISDR) apontam que entre 2000 e 2012 os prejuízos mundiais ocasionados por desastres naturais foram da ordem de 1,7 trilhões de dólares americanos, tendo afetado 2,9 bilhões de pessoas (é provável que, muitas delas, mais de uma vez) e causado a cifra de 1,2 bilhões de mortos (UNISDR, 2013).

O continente asiático se destaca no registro de grandes catástrofes naturais, o que se relaciona com sua extensão, população, condições físicas e rápida desestruturação socioambiental, sem ações mitigadoras eficientes e suficientes: a Ásia concentra mais de 60,0% da população mundial e ocupa quase 2/3 da área total. O continente americano, o segundo em número de ocorrências calamitosas, ocupa aproximadamente 28,0% da superfície do planeta e nele vive pouco menos de 14,0% da população global. Tal fato atesta que em proporção a sua extensão e a sua população o continente americano apresenta número muito elevado de desastres naturais, lembrando que tanto para as catástrofes como para a extensão e população estão inclusos, também, o norte, a parte central e o Caribe, e nos desastres estão computadas as infestações de insetos.

O banco de dados do EM-DAT apresenta uma estatística na qual constam os dez países que registraram mais mortes, afetados ou prejuízos associados a cada tipo de categoria de desastre natural, desde 1900 até 2011. Nota-se que, com exceção somente de secas e tempestades, houve sempre ao menos uma nação sul-americana entre as dez mais afetadas no mundo, conforme pode ser conferido na Tab. 3.17, sendo que, em alguns casos, essas nações estiveram entre as três mais impactadas de alguma forma (óbitos, afetados ou prejuízos econômicos), com destaque para a perda de vidas humanas por erupção vulcânica e movimento de massa seca, nos quais Colômbia e Peru, respectivamente, encabeçaram a lista. Esses dois países foram os que apareceram com mais frequência, mas, com exceção de Uruguai e Suriname, todos os demais figuraram na lista em ao menos uma situação.

Apesar de sua extensão e população, o Brasil aparece em apenas duas situações, sendo que alguns dos episódios mais dramáticos desse país (secas) não estão entre os dez maiores do mundo. Ainda para esse país, o banco de dados acusa que em 2011 uma infecção viral teria afetado mais de 900.000 pessoas, tendo se tratado da epidemia de dengue, que ano a ano vitima um número inaceitável de pessoas no Brasil, mas também em outros países sul-americanos.

Apesar da recorrência e das graves consequências associadas às inundações, as que ocorreram em outros países, especialmente asiáticos, suplantaram os episódios calamitosos da América do Sul: apenas um caso (Venezuela) aparece na listagem. Não obstante, esse é o episódio que já foi apontado como sendo muito mais relacionado a movimento de massa úmida, e se tivesse sido classificado como tal a Venezuela encabeçaria a lista no item óbitos por esse tipo de fenômeno. No mesmo sentido, o Brasil também seria incluído nessa lista se a tragédia da região serrana do Estado do Rio de Janeiro, em janeiro de 2011, não tivesse sido classificada como majoritariamente inundação (ainda que erros similares possam ter acontecido em nações não sul-americanas).

Movimentos de massa úmida destacaram países da América do Sul, seguido de eventos de vulcanismo e movimentos de massa seca. Ainda merece menção o fato de que há casos em que o mesmo episódio apareceu na estatística por motivos diferentes: o movimento de massa seca de junho de 1962 que atingiu o Peru foi, ao mesmo tempo, o que mais vítimas fatais e maiores prejuízos acarretaram em todo o mundo. O mesmo deslizamento ocorrido no Peru em janeiro de 1983 colocou esse país na lista dos dez mais afetados (quinto lugar) e que sofreram maiores perdas econômicas (primeiro lugar); similarmente, a erupção vulcânica de 13 de novembro de 1985 fez com que a Colômbia tenha sido o segundo país do mundo em óbitos por esse tipo de fenômeno e o primeiro em prejuízos totais. Também uma erupção vulcânica em agosto de 2006 colocou o Equador na terceira posição em termos de afetados por esse tipo de episódio e em quinto lugar em prejuízos.

Dos dez eventos de temperaturas extremas em todos os países do mundo que causaram maior número de afetados, três foram no Peru, e dos dez deslizamentos que causaram mais óbitos, dois foram nessa mesma nação, sendo que um desses eventos foi o segundo em número de óbitos. Na Colômbia, por sua vez, aconteceram os dois piores casos de perda de vidas humanas por erupções vulcânicas. Das ocorrências constantes na Tab. 3.17, um terço ocorreu entre 2002 e 2011, mostrando também sob esse ponto de vista que a dimensão dos impactos dos desastres naturais na América do Sul tem aumentado.

Tab. 3.17 Nações sul-americanas que aparecem entre as dez mais afetadas, por tipo de desastre natural (1900-2011)

Evento	País	Consequência	Data	Outras informações
Terremoto	Peru	8° em afetados	maio 1970	3.216.240 pessoas
	Chile	5° em perdas econômicas totais	fev. 2010	US$ 30.000.000.000,00
Epidemias	Brasil	6° em afetados	jan. 2011	Infecção viral, 942.153 pessoas
Extremos de temperatura	Peru	4° em afetados	jun. 2004	Onda de frio, 2.137.467 pessoas
	Peru	6° em afetados	jul. 2003	Onda de frio, 1.839.888 pessoas
	Peru	9° em afetados	abr. 2007	Onda de frio, 884.572 pessoas

Tab. 3.17 Nações sul-americanas que aparecem entre as dez mais afetadas, por tipo de desastre natural (1900-2011) (Continuação)

Evento	País	Consequência	Data	Outras informações
Inundações	Venezuela	9° em mortos	dez. 1999	Inundações instantâneas, 30.000 pessoas
Movimento de massa seca	Peru	1° em mortos	jun. 1962	Deslizamento, 2.000 pessoas
	Colômbia	5° em mortos	jul. 1983	Queda de blocos, 160 pessoas
	Colômbia	4° em afetados	dez. 1993	Deslizamento, 2.411 pessoas
	Peru	1° em perdas econômicas totais	jun. 1962	Deslizamento, US$ 200.000.000,00
Movimento de massa úmida	Peru	2° em mortos	1949	Deslizamento, 12.000 pessoas
	Colômbia	8° em mortos	set. 1987	Deslizamento, 640 pessoas
	Peru	9° em mortos	mar. 1971	Deslizamento, 600 pessoas
	Brasil	1° em afetados	jun. 1966	Deslizamento, 4 milhões de pessoas
	Peru	5° em afetados	jan. 1983	Deslizamento, 700.000 pessoas
	Peru	1° em perdas econômicas totais	jan. 1983	Deslizamento, US$ 988.800.000,00
	Equador	7° em perdas econômicas totais	mar. 1993	Deslizamento, US$ 500.000.000,00
Erupção vulcânica	Colômbia	1° em mortos	maio 1992	30.000 pessoas
	Colômbia	2° em mortos	nov. 1985	21.800 pessoas
	Equador	3° em afetados	ago. 2006	300.013 pessoas
	Equador	10° em afetados	nov. 2002	128.150 pessoas
	Colômbia	1° em perdas econômicas totais	nov. 1985	US$ 1.000.000.000,00
	Equador	5° em perdas econômicas totais	ago. 2006	US$ 150.000.000,00
Incêndios	Argentina	4° em afetados	jan. 1987	152.752 pessoas
	Paraguai	6° em afetados	set. 2007	125.000 pessoas

Fonte: adaptado de Guha-Sapir, Below e Hoyois (s.d.).

Desde meados da década de 2000, o EM-DAT reporta as dez nações do mundo com maior número de mortos e de afetados em termos absolutos por desastres naturais, o percentual em relação a 100.000 habitantes, os maiores prejuízos absolutos e o quanto eles oneraram o PIB anual (%) da nação afetada. As informações da Tab. 3.18, com dados entre 2004 e 2013, apresentam a situação dos países sul-americanos que comparecem nessas estatísticas desde quando elas passaram a ser computadas, em alguns casos, em destaque, como em 2005, quando as perdas econômicas da Guiana comprometeram quase 60% de seu PIB anual e essa nação foi classificada como a terceira em mortos por 100.000 habitantes devido a uma inundação. Em 2010, o Chile compareceu em todas as estatísticas, inclusive de óbitos, tendo sido a nação do mundo que contabilizou as maiores perdas econômicas absolutas e a segunda em comprometimento do PIB. Em 2011, o Brasil foi o terceiro país do mundo em número de vítimas fatais. Além disso, aumentou o número de países sul-americanos que estiveram nessas listas: um país entre 2004 e 2006, três entre 2007 e 2009, e quatro em 2010, baixando para dois em 2011 e em 2012. Peru foi o país mais recorrente, enquanto Suriname, Venezuela, Uruguai e Argentina não apareceram nessa estatística.

Tab. 3.18 Posição dos países sul-americanos entre os dez mais afetados no mundo por desastres naturais entre 2004 e 2013

	País	Mortos	Mortos/ 100.000 Hab.	Afetados ($\times 10^3$)	Afetados/ 100.000 Hab.	Prejuízos (bilhões de US$)	% PIB (ranking)	Fonte
2004	Peru			(6°) 2.145	(10°) 7.787	-	-	Cred (2005)
2005	Guiana		(3°) 5,08		(4°) (35.905)	(10°) 0,47	(1°) 59,17	Cred (2006)
2006	Bolívia						(10°) 0,36	Cred (2007)
2007	Peru	(6°) 603	(9°) 2,10			(10°) 2,0	(9°) 1,97	Cred (2008)
	Bolívia				(9°) 8.389		(3°) 4,64	
	Colômbia			(9°) 1.610				

TAB. 3.18 Posição dos países sul-americanos entre os dez mais afetados no mundo por desastres naturais entre 2004 e 2013 (Continuação)

Ano	País	Mortos	Mortos/ 100.000 Hab.	Afetados (× 10³)	Afetados/ 100.000 Hab.	Prejuízos (bilhões de US$)	% PIB (ranking)	Fonte
2008	Brasil	(10°) 203				(7°) 1,0		
	Equador			(10°) 1.800		(8°) 1,0	(6°) 2,3	Cred (2009)
	Guiana				(8°) 13.540			
2009	Brasil			(8°) 1.900				
	Peru	(7°) 429						Cred (2010)
	Paraguai				(10°) 3.416			
2010	Chile	(7°) 562	(4°) 3,00	(7°) 2.700	(2°) 15.743	(1°) 30,0	(2°) 18,3	
	Peru	(9°) 409	(6°) 2,00					Cred (2011)
	Guiana						(7°) 1,2	
	Colômbia			(8°) 2.200				
2011	Brasil	(3°) 950				(10°) 1,2		Cred (2012)
	Colômbia					(6°) 5,9	(6°) 4,6	
2012	Peru	(10°) 288	(8°) 1,00					Cred (2013a)
	Paraguai				(3°) 22.417			
2013	Bolívia		(7°) 1,20	-				Cred (2014)

Fonte: adaptado de Guha-Sapir, Below e Hoyois (s.d.).

A Tab. 3.19 mostra a evolução dos parâmetros para o mesmo período (2004-2013), incluindo todas as nações do mundo. Os anos de 2004, 2008 e 2010 foram os piores em termos globais, todos com mais de 230.000 óbitos por desastres naturais, mesmo não tendo sido os anos com mais calamidades. Nos três casos, o alto número de vítimas fatais esteve associado a poucas ocorrências: o *tsunami* que atingiu diversas nações no Índico, em 2004; o ciclone tropical Nargis, em Myanmar; e os terremotos na China, em 2008, no Haiti e no Chile, em 2010. Assim, os anos mais dramáticos se associaram a eventos muito severos em alguma parte do mundo, tendo havido ao menos uma forte contribuição de nação sul-americana nesse cômputo.

Tab. 3.19 Panorama dos desastres naturais no mundo entre 2004 e 2013

	2004	2005	2006	2007	2008	2009	2010	2011	2012	2013
Nº de desastres	360	428	426	414	354	328	373	302	310	334
Nº de países afetados	123	127	108	133	120	111	129	98	118	109
Nº de mortos	241.400	89.916	23.047	16.847	235.264	10.443	296.818	29.782	106.890	106.597
Nº de afetados (milhões)	145,0	160,0	143,0	211,0	214,0	112,8	207,0	206,0	245,7	191,0
Perdas (bilhões de US$)	103,0	159,0	34,6	75,0	190,0	34,9	109,0	366,0	131,0	156,0

Fonte: *adaptado de Guha-Sapir, Below e Hoyois (s.d.).*

quatro

Conclusões

A HISTÓRIA DOS SERES HUMANOS no planeta é repleta de relatos dos impactos de eventos naturais, como inundações, terremotos ou erupções vulcânicas. Na América do Sul, essas ocorrências estão impressas nas mitologias dos povos que a habitavam originalmente, atestando há séculos sua frequência e severidade. Contemporaneamente esses eventos continuam a afligir de forma muito dramática a população sul-americana, causando todo ano número enorme de óbitos, afetados e prejuízos de diversas ordens, que oneram as pessoas, as famílias e os países.

O palco maior das calamidades naturais tem sido o espaço urbano, que cresce em termos de área ocupada pelas cidades (mesmo que ainda pequena no contexto das superfícies do planeta) e da proporção de pessoas que as habitam. No caso da América do Sul, a concentração da população urbana é superior à rural desde os anos 1960, antecedendo em décadas a tendência mundial, fato que modificou de forma contundente e rápida os ambientes físicos onde se assentam os aglomerados urbanos.

As pressões externas, em especial as provenientes da globalização, não têm colaborado para aumentar o protagonismo das nações sul-americanas no cenário das decisões mundiais, mas contribuem para o aumento dos desastres naturais, ao modificarem o meio de forma a atender suas demandas. Tal fato contrasta com as potencialidades reais da América do Sul: sua extensão espacial e latitudinal lhe confere diferentes paisagens e riquezas, como altíssima biodiversidade, distintos regimes climáticos, solos férteis, água em profusão (ainda que distribuída de maneira desigual) e recursos minerais, o que se traduz em possibilidades diversas de energia (hidrelétrica, solar, eólica, das marés, para citar apenas as que são ambientalmente mais limpas), capacidade quase ilimitada de produzir alimentos e recursos turísticos por suas belas e diferenciadas paisagens. Em boa parte, essas potencialidades são expressões das condições climáticas, flora, fauna e morfologia diferenciadas, com planícies, planaltos e cadeias montanhosas derivadas dos vários processos energéticos que constantemente recriam essas paisagens e que se, de um lado, condicionam tantas possibilidades, de outro, também se atrelam à ocorrência de calamidades. E quanto a isso, salienta-se que o advento dos desastres naturais pode representar um impedimento para um desenvolvimento real e compromissado das nações sul-americanas, visto que eles têm sido crescentes e têm comprometido o progresso econômico. Mas tudo isso é secundário quando se considera o enorme número de vítimas – inclusive fatais – que eles geram.

Esse quadro de clara desestruturação revela muitos aspectos, entre eles, a inexistência de uma base segura de catástrofes pretéritas, um dos reflexos da falta de coesão dos países da América do Sul. Deve-se lembrar que qualquer problema ambiental que se coloque precisa ser considerado à luz dos seus padrões espaciais e temporais, o que faz com que a existência de um banco de dados de eventos catastróficos seja não somente um passo, mas um elemento central para o enfrentamento dos desastres naturais. O fato é que, apesar da profusão de calamidades, no nível dos países, a coleta de dados é ainda fruto de esforços pessoais que atendem propósitos específicos, muitas vezes dispersos e desatualizados, já que não são atividades rotineiras de órgãos nacionais. Porém, para medidas duradouras e permanentes para combater os efeitos dos episódios que desencadeiam desastres naturais, a elaboração de um banco de dados não pode ser encarada como etapa de uma pesquisa, mas sim como propósito maior de uma atividade, provendo elementos que podem gerar muitos estudos em prol de um ambiente físico mais saudável e uma população mais resiliente.

As informações que balizaram esta análise são provenientes de um único banco de dados, seguindo, portanto, o mesmo critério, o que se coloca como ponto positivo. Contudo, os dados se revelaram limitados para alguns propósitos e deficientes para outros, como aqueles referentes às perdas econômicas. Nesse caso, observou-se que não se dispõe de informações sobre muitos eventos – mesmo os mais recentes –, de maneira que as discussões acerca das perdas são meramente indicativas. Essa ausência é bastante amplificada no caso das informações derivadas de internações, tratamentos e o quanto os óbitos oneram a capacidade produtiva da nação atingida. Além disso, a inclusão de eventos nesse banco de desastres não considera ocorrências que não atendam certos critérios, o que pode mascarar o reconhecimento de novos riscos que surjam com episódios menores; tal negligência poderá, futuramente, engendrar grandes tragédias.

Para o período avaliado, a imensa maioria das catástrofes e das perdas econômicas foi de caráter hidrometeorológico e climático, que foi o único tipo em três países (Uruguai, Suriname e Guiana), além da Guiana Francesa; já no Paraguai houve registro de apenas dois tipos (hidrometeorológico e climático e biológico). Nos demais, as calamidades foram deflagradas pelas três categorias de desastres naturais. Equador foi a nação que apresentou distribuição um pouco mais equitativa entre os três tipos de catástrofes.

As inundações têm sido o principal fenômeno desencadeador de desastre natural, afetados e perdas na América do Sul, seguindo a tendência mundial; contudo, as secas atingiram mais pessoas. Os fenômenos geofísicos, notadamente os terremotos, têm sido a causa primeira dos óbitos e, considerando que eles atingem somente os países andinos, seu peso é bastante elevado, em especial na Colômbia e no Peru. Este último país se destaca também, em termos mundiais, quanto às consequências dos extremos de temperaturas baixas.

Os países da América do Sul dominam, em termos mundiais, o registro de movimentos de massa úmida, ainda que no banco do EM-DAT algumas ocorrências tenham sido tipificadas como inundações que, na verdade, foram consequências secundárias. É possível que em outras regiões do mundo o mesmo erro tenha acontecido, mas, por suas características geomorfológicas e climáticas e dado o crescente aumento de moradias em áreas de risco, não pairam dúvidas quanto à importância desse processo no contexto dos desastres naturais nas nações sul-americanas.

As cifras concernentes aos afetados são muito elevadas: por exemplo, em um único ano (1983), mais de 33,5 milhões de habitantes da América do Sul foram atingidos de alguma maneira (a maioria dessas vítimas, pelos impactos de um forte El Niño). Outros anos de destaque foram 1970 e 1988, com 19 milhões e 11 milhões de afetados, respectivamente.

A falta de informações sobre perdas econômicas no banco de dados torna os valores existentes, bastante incompletos, ainda mais impressionantes, como os do ano de 1999, quando ocorreram dois megadesastres: terremoto na Colômbia e corrida de lama e inundações na Venezuela. Igualmente deficientes foram os dados dos desastres naturais biológicos, mas as informações constantes sinalizaram para concentração em janeiro, o que se vincula às condições climáticas favoráveis para a proliferação de vetores de doenças como a dengue, que tem assolado diversas nações.

Em termos de proporcionalidade de desastres nas nações da América do Sul e considerando a área afetada, Colômbia, Peru e Equador se sobressaem, mas, até certo ponto surpreendentemente, também o Uruguai. Com um relevo homogêneo e geologicamente antigo, essa nação não é palco de episódios geofísicos, mas contribuem para esse quadro as condições hidrometeorológicas e climáticas, bem como o ambiente bastante degradado pelas atividades agropecuárias. Tendo em vista a densidade da população, os destaques são: Guiana Francesa, Bolívia, Suriname e, novamente, Uruguai, sendo que Suriname não registra muitos eventos, fato que revela a intensidade das ocorrências lá registradas. Mesmo tendo a maior área e população, em termos relativos, o Brasil não aparece de forma tão avultada, o mesmo acontecendo com a Argentina – segunda em área e terceira em população absoluta, sendo que nesse país acontecem, também, eventos geofísicos.

Um único país – Peru – concentrou quase metade de todas as mortes na América do Sul, tendo sido um dos que teve mais desastres naturais. O peso de um único episódio – um terremoto em 1970 – foi bastante considerável. Nos demais parâmetros avaliados na pesquisa (número de ocorrências, de afetados e prejuízos econômicos), o Brasil lidera o *ranking*, sendo que os menores números em todos os parâmetros foram na Guiana Francesa e Suriname. A despeito de sua área e população, em termos absolutos, a Argentina apresentou baixo número de óbitos em relação aos demais países sul-americanos. Entre as cifras mais dramáticas, está a de total de atingidos entre 1960 e 2009, que é maior do que a população atual de todos os países, com exceção do Brasil, país que teve o maior número, quase todos por manifestações hidrometeorológicas e climáticas. Em diversas nações, houve afetados somente por esse tipo de ocorrências, e apenas o Chile teve mais afligidos por fenômenos geofísicos. Os quatro países com maior população são também os que tiveram mais afetados, porém, não na mesma ordem, com exceção do Brasil – o de maior população e atingidos. Uruguai, Suriname e Guiana Francesa apresentaram situação inversa, assinalando que, no caso do primeiro, apesar da proporção alta de ocorrências, elas tiveram impacto relativamente pequeno.

Houve maior homogeneidade nas perdas econômicas entre os países, mas essas informações foram muito deficientes, não se constituindo em elemento seguro de análise. Com base no banco de dados, apenas Chile e Colômbia tiveram mais prejuízos por fenômenos geofísicos, sendo que neste último essa contribuição foi bastante superior às ocorrências hidrometeorológicas e climáticas. As falhas imensas nessa informação foram mais gritantes no caso dos desastres biológicos, pois não houve informação a respeito das perdas produzidas por esse tipo de calamidade.

Há diversos aglomerados urbanos com população superior a 750.000 habitantes que apresentam risco, sendo que o destaque maior foi Quito, o único a apresentar risco de cinco diferentes tipos de *hazard*.

O número de episódios calamitosos aumentou constantemente ao longo dos decênios: Bolívia e, especialmente, Argentina, Paraguai e Uruguai, mostraram preocupante incremento de desastres naturais na última década, o que expõe a crescente vulnerabilidade da população e o ingresso da Argentina em posição de maior preocupação – nessa nação, além da maior concentração na década recente, há grande número de eventos catastróficos.

Ao se avaliar o padrão dos óbitos ao longo das décadas, percebe-se que, em alguns países (Peru, Colômbia, Chile e Venezuela), o peso de um único evento foi extraordinário, tanto pela concentração no tempo como pelo número absoluto de vítimas fatais. Várias nações tiveram proporcionalmente poucos mortos em 50 anos, e nesse caso um dos destaques foi o Brasil, que mesmo não tendo sido o país com menos vítimas fatais teve número bem menor do que as nações citadas. Também foi o caso da Argentina, mesmo apresentando número crescente de ocorrências calamitosas.

A maior facilidade em coletar dados nos últimos 20 anos talvez faça com que as informações sejam mais fiáveis nesse período, ainda mais considerando-

-se que nas décadas de 1960 a 1980 os países sul-americanos passaram por regimes ditatoriais que podem ter acobertado a dimensão das tragédias – um exemplo é a catástrofe ocorrida na cidade do Rio de Janeiro em 1966, que para alguns poderia ter sido a maior do Brasil, superando o movimento de massa da região serrana fluminense de 2011.

Os desastres hidrometeorológicos e climáticos, que apresentam certo grau de previsibilidade, têm sido mais constantes e certamente se atrelam mais à ocupação de áreas sujeitas a essas ocorrências do que ao aumento de eventos atmosféricos que as deflagram, sendo um fenômeno mundial. As inundações, em particular, aumentaram paulatinamente, década após década. Mesmo levando em conta que mudanças climáticas possam estar em curso, nenhuma alteração medida foi tão grande como a escalada das ocorrências catastróficas nas nações da América do Sul.

Comparando o padrão das catástrofes naturais e o padrão da população por país ao longo das décadas, observa-se ter havido crescimento desproporcional das calamidades, o que aponta para o aumento da suscetibilidade e da vulnerabilidade, provavelmente de forma concomitante. Algumas tendências dos desastres naturais na América do Sul são similares às mundiais, como mais desastres hidrometeorológicos e climáticos (especialmente inundações), que são os fenômenos mais comuns na causa de calamidades, além de número crescente de afetados e danos econômicos, declínio de óbitos e contribuição dos megadesastres, que podem até afetar o cômputo decenal pela brutal dimensão de suas consequências. Quanto a isso, é oportuno lembrar que o declínio relativo desse parâmetro na década mais recente analisada poderia estar relacionado à ausência de episódios físicos extremos.

Em termos de países, o Uruguai chamou a atenção, pois apesar de pequeno e com baixa diversidade morfológica, parte considerável do país se assenta em áreas degradadas e a totalidade de suas terras está em área de risco. Por sua vez, apesar da extensão, grande diversidade física e concentração da população sul-americana, o Brasil é superado em alguns parâmetros relacionados aos desastres por outras nações. Longe de apresentar situação confortável, a posição relativa desse país é somente "menos pior" do que as dos seus vizinhos sul-americanos. Mas Peru e Colômbia têm grande chance de voltar a apresentar megadesastres, que têm peso enorme nas estatísticas e, por suas dimensões, podem dificultar medidas pós-desastres, ampliando as tragédias.

Vários parâmetros apontam o alto risco de desastres no Equador. Embora diretamente seja dificultoso apontar o país sob maior risco de desastres, essa pequena nação andina parece se destacar. Mas risco não pode ser entendido como sinônimo de desastre, de maneira que um maior preparo torna a população menos vulnerável e mais resiliente.

As nações sul-americanas aparecem com proeminência em estatísticas mundiais e que, portanto, consideram todas as nações, como em ocorrências de movimentos de massa úmida. Comparecer nesses *rankings* e de forma evidenciada é desconfortável, principalmente, porque os números são muito dramáticos. Além de não ter um protagonismo nos bons exemplos, ocupar papel de destaque em assuntos tão perversos é um caminho a se desviar na América do Sul.

É preciso salientar que os fatos descritos e discutidos não refletem as cinco décadas consideradas para a análise, mas todo o processo de construção do espaço que se operou e ainda se processa nos países da América do Sul, que jamais tiveram, verdadeiramente, independência total, estando hoje sob a égide de um mundo globalizado. Não obstante, ao menos nos últimos 150 anos, isso não se constitui em argumento em prol dos governos nacionais constituídos, ou mesmo dos cidadãos, que também não cooperam em pequenas, mas efetivas, ações para ao menos diminuir os efeitos dos *hazards*. Apenas com ações em todos os níveis, do local até o global, a questão central da vida poderá ser equacionada, e espera-se que essa matemática não seja linear nem fria. Não é uma ciência compartimentada que irá resolver questões tão fundamentais: o entendimento e o combate aos efeitos nefastos dos desastres naturais requer a consideração una e indissociável de vários conhecimentos que, individualmente, existem em profusão. Todavia, é preciso aumentar a capacidade em atrelar o conhecimento de boa qualidade existente e transformá-lo em ações concretas.

A realidade das pessoas se cristaliza cada vez mais no espaço físico e social das cidades, e nelas convivem hoje – aliás, como outrora e talvez no futuro – modernidade e arcaísmo, progresso e declínio, riqueza e pobreza, solidariedade e intolerância, entre tantos outros contrastes. Tudo isso não define a globalização, mas é parte dela, e nela os espaços urbanos são os locais das decisões, que assim são cada vez menos nacionais e mais supranacionais, o que recria e reconstrói as geografias, inclusive as do poder.

Isso porque as cidades em rede podem ser muito mais solidárias em suas necessidades e semelhanças do que os Estados nacionais, o que as leva a se articularem de forma mais eficiente do que estes.

A história mostra que os momentos de transição são sempre os mais conturbados pela coexistência de práticas e contextos distintos em substituição, e de todos os pontos de vista eclodem exemplos de que este é um momento de transição. Alguns indicativos apontam para a possibilidade de uma nova ordem, na qual os poderes constituídos no nível nacional perderiam força frente a uma governança mais local, porém, articulada em nível global. No entanto, como nesta fase de mudança a institucionalização do poder se encontra diluída entre as esferas de governo, isso poderia se atrelar, ao menos parcialmente, à falta de efetividade de ações relacionadas ao advento dos desastres naturais, já que nenhum agente, seja no nível da nação, seja no nível do poder local, tem força, competência e vontade de mudar o estado de coisas.

Fruto da articulação entre elementos bióticos e abióticos que criam as diferentes formas de vida e as paisagens, o planeta vivencia profunda crise engendrada por um dos seus componentes, que é o ser humano, seja por ações conscientes ou inconscientes. Se é verdade que os problemas ambientais são resultados de questões de várias ordens, um ponto central e nem sempre referido é a crescente desnaturalização das pessoas, que não se enxergam como elemento do meio, conforme argumenta Porto-Gonçalves (2006). Assim, de um lado, haveria o ambiente físico, com árvores, rios e solos e, de outro, os seres humanos. Nessa perspectiva, não há reconhecimento da existência do meio ambiente urbano, e exemplos de depredação seriam desmatamento ou poluição por indústrias. Isso significa que práticas tão presentes no cotidiano de muitas pessoas, como jogar papel na rua, acomodar mal o lixo, pichar monumentos públicos, que às vezes testemunham a nossa própria história, não são percebidas como atos de depredação do meio ambiente. Um agente da articulação da globalização é, portanto, o "despertencimento" dos seres humanos ao seu meio físico.

Nessas transformações que se processam emergiria uma nova geografia, na qual os atributos que conferem as relações entre os espaços são de outra ordem: a proximidade, por exemplo, se definiria não somente pela contiguidade dos espaços físicos, mas pela interconexão daqueles que apresentam a mesma competência, definidas pelas necessidades voláteis do mundo globalizado.

Nesse nível, as relações entre eles são instantâneas e acontecem no espaço virtual, intermediadas pelas mídias e pela *web,* sendo, portanto, mais rápidas do que as antigas formas de conexão, que se faziam pelo deslocamento real. As relações entre esses espaços poderiam ser mais solidárias porque partilhariam de problemas bem mais comuns, mas isso é apenas uma possibilidade entre tantos elementos que podem emergir em um mundo em transição.

A contiguidade, contudo, não perderia sua importância, apenas a dividiria com outras formas de relações entre os espaços, e isso é particularmente verdadeiro no caso de fenômenos catastróficos que atingem áreas próximas, mas pertencentes a diferentes nações: por exemplo, consequências de uma mesma manifestação de fenômenos de interação atmosfera-oceano, como El Niño Oscilação Sul (Enos) em suas diferentes fases, ou ainda *tsunami,* furacões, ondas de frio e de calor, erupções vulcânicas e epidemias que afetam várias nações.

Esses ou quaisquer outros fenômenos atingem pessoas que habitam um determinado local, que cada vez mais é a cidade, *locus* que surpreende constantemente por sua habilidade de reinventar de forma criativa os espaços. Essa capacidade tanto serve para criar espaços de integração como para consubstanciar práticas ilegais, mas que levam comodidades a algumas famílias e, principalmente, proximidade com os modos de vida das populações mais abastadas, como os "gatos" para o acesso a TV a cabo, tão comuns nas periferias brasileiras. As cidades têm sido, por excelência, os locais das contradições, a começar pela maneira como são encaradas pelas pessoas: para alguns, o espaço das oportunidades, da igualdade, do futuro, do sucesso, da ascensão, sendo que para esses indivíduos o sonho é conseguir se firmar de forma exitosa nesse lugar. Para outros, porém, a urbe é o local da degradação física e humana, da violência, das diferenças e da opressão, sendo o sonho desses indivíduos se afastar não apenas do espaço físico da cidade, mas da forma de vida urbana, dirigida por competição e consumismo. Na verdade, a cidade é onde tudo isso tem espaço: ela não deixa ninguém indiferente ou desprovido de uma opinião, de uma maneira de entendê-la (ou não), curti-la, amá-la, odiá-la, desconjurá-la, construí-la, destruí-la, reconstruí-la. É o lugar dos sonhos e dos pesadelos, das esperanças e das tristezas, do passado, do presente e, tudo indica que, mais ainda, do futuro. Mas é também nos aglomerados urbanos que os desastres naturais ocorrem de forma mais trágica, atingindo número grande de pessoas.

No nível de organismos internacionais, há forte iniciativa de estruturar as cidades em redes solidárias para o enfrentamento de seus desafios, sendo os maiores aqueles relativos aos desastres naturais. Essas relações ainda não apresentam enorme eficiência, mas apontam para o entendimento de que as conexões do mundo globalizado não são afeitas somente àquelas de ordem econômica, pois as consequências dos processos físicos são também prova irrefutável da conexão das diferentes escalas: os efeitos de uma erupção vulcânica como a registrada no complexo Puyehue-Cordón Caulle, em junho de 2011, no Chile, foram sentidos a milhares de quilômetros de distância, tendo em vista a circulação atmosférica, que espalhou o material vulcânico, e, com isso, afetou em escala global a navegação aérea. No momento, não há tecnologia que resolva isso. Da mesma maneira, o forte El Niño, em 1982-1983, repercutiu, ainda que de diferentes maneiras, em muitos locais do mundo, tendo em vista que ar e mar são meios fluidos e altamente dinâmicos e, assim, trocam e transportam energia.

Não há um único dia em que um episódio calamitoso não aconteça em algum local do mundo, o que cria uma desconfortável cumplicidade global. As diferenças dos impactos gerados por esses fenômenos são ainda grandes entre as nações, mas os recentes desastres naturais de Kobe (terremoto no Japão, em 1998), Fukushima (terremoto seguido de *tsunami* e desastre tecnológico no Japão, em 2011), Katrina e Sandy (furacões registrados nos Estados Unidos, em 2005 e 2012, respectivamente, sendo que o último atingiu várias outras nações também) e a onda de calor que afligiu durante parte da Europa Ocidental em 2003 mostram o despreparo no mínimo parcial mesmo de nações mais ricas perante o poder destrutivo dessas ocorrências naturais, ainda que fenômenos similares, como o ciclone tropical Glória, em Moçambique, no ano de 2000, ou o terremoto no Haiti, em 2010, tenham tido consequências muito mais trágicas. Tudo isso demonstra que os desastres naturais necessitam ser confrontados de maneiras distintas daquelas como vêm sendo encarados, até porque essas formas de enfrentamento não têm tido efeito real, duradouro e intercambiável entre diferentes locais e grupos sociais. As formas estão ainda por serem inventadas e testadas.

Se o convívio com o risco é inevitável em muitas circunstâncias (mas talvez não em todas) e persegue a humanidade desde sempre, urge desenvolver e melhorar a capacidade de conviver com ele. É preciso, pois, implementar planos emergenciais que não tenham um período específico de duração, já que as práticas que os geram ou os exacerbam não "tiram férias". Também não pode ser conferido papel de mero coadjuvante para os tipos de práticas sociais que se consubstanciam no espaço de vivência das pessoas, pois eles devem ser entendidos (não necessariamente aceitos, mas considerados) sem juízo de valor que culpe ou as pessoas sem opção ou as circunstâncias que acabam por levar à ocupação das áreas de risco: isso é inócuo, porque as responsabilidades se diluem entre os que na verdade são vítimas, ou em entes não reais, como "as circunstâncias da vida". Além disso, se as pessoas, em princípio, não deveriam morar em encostas quentes e úmidas sujeitas aos movimentos de massa, fenômenos típicos desses locais, tampouco deveriam em cidades como San Francisco (Estados Unidos) ou Tóquio (Japão), sujeitas aos abalos sísmicos. Não deveriam – e isso é fato, porque não há plano de contingência que possa surtir efeito se um evento natural muito energético ocorrer, e eles fatalmente acontecerão, pois fazem parte da dinâmica do planeta; entretanto, as pessoas moram em áreas de risco, e as transformações do espaço criam novos riscos e aumentam os preexistentes. Embora uma resposta única para todas as situações não exista, algumas condutas têm sido ineficazes, como a crença em soluções puramente técnicas que, nem por isso, devem ser descartadas mas sim consideradas um elemento a mais para a construção de locais mais seguros. É fato, porém, que sendo os desastres tão comuns e centrais, é preciso desenvolver novas formas para seus entendimentos e combates, mesmo que elas sejam parciais por definição. E, dialeticamente, é de seus adventos que vêm suas compreensões (aprender com as tragédias para que elas não se repitam, ao menos no mesmo patamar). Dialéticas, também, são suas manifestações, pois se eles geram destruição e sofrimento, também suscitam solidariedade tanto por sentimentos verdadeiramente nobres perante o sofrimento alheio como no sentido de estar presente para aprender com aquela tragédia. Se hoje uma catástrofe acontece ali, amanhã pode acontecer algo semelhante aqui, mesmo que as calamidades sejam desencadeadas por distintos *hazards* que, dessemelhantes em suas essências, são iguais fisicamente, ao concentrarem energia, e socialmente, ao trazerem perdas de todas as ordens, principalmente aquelas que são incomensuráveis e insubstituíveis.

Num mundo em que processos físicos e sociais são erigidos pelos contrastes, também nos desastres naturais eles aparecem de forma muito clara: a alegria e o alívio de sobreviver, mesmo com perdas econômicas que, afinal, são passíveis de recuperação – talvez apenas parcial, em longo prazo e à custa de muito sacrifício –, e a tristeza da perda de pessoas próximas, de saúde física e psicológica, de bens econômicos e do lugar, tanto físico como no sentido do espaço das relações sociais.

É provável que os inegáveis ganhos pelo conhecimento científico nos últimos séculos tenham contribuído para um menor interesse e/ou atenção das pessoas em relação à evolução das situações físicas: ao invés de observar os sinais da natureza, consulta-se a previsão do tempo na *internet*, elaborada por pessoas que sequer conhecem o lugar analisado. Na verdade, uma coisa não deveria descartar a outra, mas é fato que a percepção pessoal tem sido no mínimo relegada a um segundo plano, o que faz com que padrões de variabilidade inerentes ao ambiente de uma dada área não sejam mais reconhecidos, constituindo-se em combustível para os exageros relacionados aos temores das eventuais mudanças climáticas, muitas vezes alegados até para processos que não são próprios da atmosfera: por ocasião do *tsunami* que atingiu diversas nações em dezembro de 2004, ou do terremoto registado em 2010 no Haiti, não foi incomum a associação com as mudanças climáticas, embora esses fenômenos sejam totalmente dissociados daqueles de origem atmosférica.

Qualquer proposta em prol de medidas que alterem o padrão dos desastres naturais tem que ser pautada na compreensão de que a pretensa eficiência dos espaços em responder de forma competitiva às demandas externas e articuladas de um mundo globalizado modifica rapidamente as funções do território, alterando seus processos físicos e as relações sociais. Práticas econômicas comandadas por lógicas externas aos lugares têm perturbado a relação do homem com seu meio, sendo que a catástrofe se configura como a maior expressão da incapacidade do ser humano em conviver no substrato que garante sua manutenção: chuvas, rios, ventos ou mesmo flora e fauna nos centros urbanos são vistos como elementos externos à humanidade e perigosos.

O desastre é um elemento central nas relações que se estabelecem nos espaços, porque, mais do que uma crise econômica global que avassala a saúde das nações e a vida das pessoas, ele pode ser muito mais permanente, ao impedir a retomada das atividades em um dado local e, principalmente, matar em profusão, ao ponto de que as cifras finais de uma dada calamidade jamais sejam fechadas: os números inteiros de uma estatística no caso das grandes tragédias revela a incapacidade até de contar as vítimas.

O poder nacional constituído deve se dar conta de que a maior riqueza de uma nação não são seus recursos naturais, por mais que eles propiciem uma agricultura competitiva dada a existência de solos férteis, disponibilidade hídrica, condições climáticas favoráveis, capacidade de produção competitiva e de uma rede que permita exportar de forma adequada, segura e rápida essas *commodities*, ou ainda permitindo a entrada de recursos econômicos pelo turismo: sol-mar, ecológico, de negócios, cultural, histórico, ou esses diferentes tipos agregados. Os recursos naturais da nação podem também gerar hidroeletricidade ou outras formas de energia exportáveis, que são indispensáveis no mundo atual. Igualmente é recurso importante à capacidade de produzir bens derivados das altas tecnologias, que criam com velocidade espantosa artefatos que, do momento em que aparecem no mercado, tornam-se imprescindíveis na vida moderna, mas logo obsoletos. Tampouco a riqueza maior do país se mensura por sua capacidade de integrar com protagonismo a arena globalizada, ditando os padrões de consumo e as relações entre organismos administrativos e até entre as pessoas. Esses relevantes aspectos não seriam as riquezas maiores de uma nação, e sim componentes que, devidamente integrados de forma harmônica e universal, contribuem para a promoção daquilo que é, de fato, a riqueza maior de qualquer país: o bem-estar, a vida das pessoas. Pessoa, gente, indivíduo, cidadão, isso, sim, é a maior riqueza de qualquer nação.

É fato que novas calamidades irão acontecer, até nas sociedades mais preparadas, porém, em algumas nações, como as da América do Sul, o desafio real é fazer com que elas sejam menores, e suas superações, mais céleres. Infelizmente alguns dos piores desastres naturais são recentes, como o que ocorreu na Venezuela, em 1999, ou no Brasil, em 2011, que, além de atrelados a deflagradores físicos que de fato apresentaram grande severidade, mostraram a falta de preparo dos governos desses países em ações antes, durante e após as tragédias.

Os programas de governos explicitam que entre as suas responsabilidades está prover educação, saúde, segurança pública, sistemas de abastecimento de água, de saneamento, de energia, mas é preciso que haja reconhecimento de que há responsabilidade, também, em relação aos desastres naturais (UNISDR, 2011), até porque seus registros podem pôr em risco muitas pessoas ao mesmo tempo, comprometendo qualquer esforço para melhorar os parâmetros anteriormente expostos. Nenhum sistema educacional ou de saúde será unanimemente eficaz, e nenhum sistema de segurança aos desastres também o será. Nenhum será válido para todos os contextos, pois não há uma receita universal. Mas experiências ruins são também experiências, e trocas e solidariedade devem estar presentes nas ações de preparo, pois, conforme já assinalado, o desastre é um processo e não um momento. A caridade que emerge em algumas situações de desastres deve ser substituída por ações socialmente transformadoras e imbuídas não de pena, mas de responsabilidade política global para que elas não se perpetuem.

Atualmente há muito mais desarticulação do que ações efetivas para a criação de um bloco efetivamente integrado da América do Sul, o que faz com que novos parceiros sejam procurados, em especial, China e Estados Unidos. No entanto, esse enfraquecimento e distanciamento pode ter repercussão no preparo conjunto para o enfrentamento de episódios que repercutem nas nações sul-americanas, alguns de grande amplitude, como as consequências do Enos, que atingiu nações geograficamente contíguas.

Para a América do Sul, as perdas têm sido mais do que inaceitáveis e insuportáveis, imorais, por apresentarem padrão francamente socioespacial e características crescentes de "cronicidade", que invariavelmente levam à banalização.

O processo de globalização, capitaneado pelo neoliberalismo, pode ter contribuído para diminuir o nível de pobreza de parcelas da população, mas não mudou substancialmente as hierarquias do poder, nem possibilita, ainda, ascensão igualitária entre os indivíduos, muitos ainda não propriamente cidadãos, por desconhecerem seus direitos básicos mínimos à educação, saúde, saneamento e segurança em todos os níveis.

Não existe ganho real que se construa com perdas, especialmente quando são de vidas humanas – a maior riqueza de uma nação. Mas se a conscientização das cifras perversas engendradas por desastres naturais na América do Sul gerar algum resultado que melhore a situação, a perda de vidas preciosas terá sido um pouco menos inútil.

referências bibliográficas

A. T. KEARNEY. *Global cities, present and future*: 2014 global cities index and emerging cities outlook. 2014. Disponível em: <http://www.atkearney.com/documents/10192/4461492/Global+Cities+Present+and+Future-GCI+2014.pdf/3628fd7d-70be-41bf-99d6-4c8eaf984cd5>. Acesso em: jan. 2015.

BEYER, J. E. Global summary on human response to natural hazards. In: WHITE, G. F. (Ed.). *Natural hazards*: local, national, global. New York: Oxford University Press, 1974. p. 265-274.

BRADLEY, R. S.; JONES, P. D. Records of explosive volcanic eruptions over the last 1500 years. In: BRADLEY, R. S.; JONES, P. D. (Ed.). *Climate since A.D. 1500*. New York: Routledge, 2004. p. 606-622.

BRYANT, E. A. *Climate process and change*. Cambridge: Cambridge University Press, 1997.

BUENO, E. *Capitães do Brasil*: a saga dos primeiros colonizadores. Rio de Janeiro: Objetiva, 1999.

BURROUGHS, W. J. *Does the weather really matters?*: the social implications of climate change. Cambridge: Cambridge University Press, 1997.

CAMILLONI, I. Tendencias climáticas. In: BARROS, V.; MENÉNDEZ, A.; NAGY, G. (Ed.). *El cambio climático en el río de la Plata*. Buenos Aires: Cima, 2005. p. 13-19.

CLIMATE AND DEVELOPMENT KNOWLEDGE NETWORK (REDE DE CONHECIMENTO EM CLIMA E DESENVOLVIMENTO). *Gerenciando extremos climáticos e desastres na América Latina e no Caribe*: lições do relatório SREX. CDKN, [s.d.]. Disponível em: <http://www.fapesp.br/ipccsrex/upload/SEX-Lessons-Portuguese-LAC.pdf>

COEN, J. Wildfire weather. In: HOLTON, J. R.; CURRY, J. A.; PYLE, J. A. *Encyclopedia of atmospheric sciences*. London: Academic Press, 2003. p. 668-672.

CRED - CENTRE FOR RESEARCH ON THE EPIDEMIOLOGY OF DISASTERS. Natural disasters in 2004. *Cred crunch newsletter*: natural disasters, a balanced perspective, v. 1, May 2005.

CRED - CENTRE FOR RESEARCH ON THE EPIDEMIOLOGY OF DISASTERS. Natural disasters in 2005. *Cred crunch newsletter*: natural disasters, a balanced perspective, v. 4, Feb. 2006.

CRED - CENTRE FOR RESEARCH ON THE EPIDEMIOLOGY OF DISASTERS. Natural disasters in 2006. *Cred crunch newsletter*: natural disasters, a balanced perspective, v. 8, Mar. 2007.

CRED - CENTRE FOR RESEARCH ON THE EPIDEMIOLOGY OF DISASTERS. Natural disasters in 2007. *Cred crunch newsletter*: natural disasters, a balanced perspective, v. 12, Apr. 2008.

CRED - CENTRE FOR RESEARCH ON THE EPIDEMIOLOGY OF DISASTERS. Natural disasters in 2008. *Cred crunch newsletter*: natural disasters, a balanced perspective, v. 16, Apr. 2009.

CRED - CENTRE FOR RESEARCH ON THE EPIDEMIOLOGY OF DISASTERS. Natural disasters in 2009. *Cred crunch newsletter*: natural disasters, a balanced perspective, v. 19, Feb. 2010.

CRED - CENTRE FOR RESEARCH ON THE EPIDEMIOLOGY OF DISASTERS. Natural disasters in the American continent. *Cred crunch newsletter*: natural disasters, a balanced perspective, v. 26, Dec. 2011.

CRED - CENTRE FOR RESEARCH ON THE EPIDEMIOLOGY OF DISASTERS. Natural disasters in 2011. *Cred crunch newsletter*: natural disasters, a balanced perspective, v. 27, Feb. 2012.

CRED - CENTRE FOR RESEARCH ON THE EPIDEMIOLOGY OF DISASTERS. Disaster data: a balanced perspective. *Cred crunch newsletter*: natural disasters, a balanced perspective, v. 31, Mar. 2013a.

CRED - CENTRE FOR RESEARCH ON THE EPIDEMIOLOGY OF DISASTERS. Floods: the most frequent natural disasters 1993-2012. *Cred crunch newsletter*: natural disasters, a balanced perspective, v. 32, Aug. 2013b.

CRED - CENTRE FOR RESEARCH ON THE EPIDEMIOLOGY OF DISASTERS. Natural disasters in 2012. *Cred crunch newsletter*: natural disasters, a balanced perspective, v. 33, Nov. 2013c.

CRED - CENTRE FOR RESEARCH ON THE EPIDEMIOLOGY OF DISASTERS. Natural disasters in 2013. *Cred crunch newsletter*: natural disasters, a balanced perspective, v. 35, Apr. 2014.

CUNHA, J. M. P. Planejamento municipal e segregação socioespacial: por que importa? In: BAENINGER, R. (Org.). *População e cidades*: subsídios para o planejamento e para as políticas sociais. Campinas: Nepo, 2009. p. 65-77.

DANIELL, J. E.; KHAZAI, B.; WENZEL, F.; VERVAECK, A. The CATDAT damaging earthquakes database. *Natural hazards earth system sciences*, v. 11, p. 2235-2251, 2011.

DOSWELL III, C. A. Flooding. In: HOLTON, J. R.; CURRY, J. A.; PYLE, J. A. *Encyclopedia of atmospheric sciences*. New York: Academic Press, 2003. p. 769-776.

GONÇALVES, N. M. S. Impactos pluviais e desorganização do espaço urbano em Salvador. In: MONTEIRO, C. A. de F.; MENDONÇA, F. de A. (Org.). *Clima urbano*. São Paulo: Contexto, 2003. 192 p.

GUHA-SAPIR, D.; BELOW, R.; HOYOIS, P. *EM-DAT*: International Disaster Database. Brussels: Université Catholique de Louvain, [s.d.]. Disponível em: <http://www.emdat.be/>. Acesso em: mar. 2012 a nov. 2012.

GUHA-SAPIR, D.; VOS, F.; BELOW, R.; PONSERRE, S. *Annual disaster statistical review 2010*: the numbers and trends. Brussels: Cred, 2010.

JONKMAN, S. N. Global perspectives on loss of human life caused by floods. *Natural hazards*, v. 34, p. 151-175, 2005.

KELLETT, J.; SPARKS, D. *Disaster risk reduction*: spending where it should count. 2012. Disponível em: <http://www.globalhumanitarianassistance.org/wp- content/uploads/2012/03/GHA-Disaster-Risk-Report.pdf>. Acesso em: ago. 2012.

KHALID, M.; KUGLER, M.; KOVACEVIC, M.; BHATTACHARJEE, S.; BONINI, A.; CALDERÓN, C.; FUCHS, A.; GAYE, A.; KONOVA, I.; MINSAT, A.; NAYYAR, S.; PINEDA, J.; WAGLÉ, S. *Relatório do desenvolvimento humano 2013*: a ascensão do sul: progresso humano num mundo diversificado. 2013. Disponível em: <http://www.pnud.org.br/arquivos/rdh-2013.pdf>. Acesso em: mar. 2013.

KLUGMAN, J.; RODRÍGUES, F.; BEEJADHUR, S.; BHATTACHARJEE, M. C.; CHOI, H.-J.; FUCHS, A.; GEBRETSADICK, Z. G.; HEGER, M. P.; KEHAYOVA, V.; PINEDA, J.; SAMMAN, E.; TWIGG, S. *Relatório de desenvolvimento humano de 2011*: sustentabilidade e equidade: um futuro melhor para todos. 2011. Disponível em: <http://hdr.undp.org/en/reports/global/hdr2011/download/pt/>. Acesso em: jun. 2012.

LA RED - RED DE ESTUDIOS SOCIALES EN PREVENCIÓN DE DESASTRES EN AMERICA LATINA. *Agenda de investigación y constitución orgánica*. Lima: COMECSO/ITDG, 1993.

LAVELL, A.; OPPENHEIMER, M.; DIOPP, C.; HESS, J.; LEMPERT, R.; LI, J.; MUIR-WOOD, R.; MYEONG, S. Climate change: new dimensions in disaster risk, exposure, vulnerability, and resilience. In: FIELD, C. B.; BARROS, V.; STOCKER, T. F.; QIN, D.; DOKKEN, D. J.; EBI, K. L.; MASTRANDREA, M. D.; MACH, K. J.; PLATTNER, G.-K.; ALLEN, S. K.; TIGNOR, M.; MIDGLEY, P. M. (Ed.). *Managing the risks of extreme events and disasters to advance climate change adaptation*: a special report of Working Groups I and II. Cambridge: Cambridge University Press, 2012. p. 25-64.

LEINZ, V.; AMARAL, S. E. do. *Geologia geral*. São Paulo: Companhia Editora Nacional, 1978.

LURKER, M. *The Routledge dictionary of gods and goddesses, devils and demons*. London: Routledge, 2004.

MARENGO, J. A.; JONES, R.; ALVES, L. M.; VALVERDE, M. C. Future change of temperature and precipitation extremes in South America as derived from the PRECIS regional climate modeling system. *International Journal of Climatology*, 2009. DOI: 10.1002/joc, p. 15. Disponível em: <http://mudancasclimaticas.cptec.inpe.br/~rmclima/pdfs/publicacoes/2009/marengo2009.pdf>. Acesso em: ago. 2013.

MONTEIRO, C. A. de F. *Clima e excepcionalismo*: conjecturas sobre o desempenho da atmosfera como fenômeno geográfico. Florianópolis: Editora da UFSC, 1991.

NOTT, J. *Extreme events*: a physical reconstruction and risk assessment. Cambridge: Cambridge University Press, 2006.

NUNES, L. H. Compreensões e ações frente aos padrões espaciais e temporais de riscos e desastres. *Territorium*, v. 16, n. 1, p. 181-189, 2009a. Disponível em: <http://www1.ci.uc.pt/nicif/riscos/Territorium16.htm>. Acesso em: ago. 2011.

NUNES, L. H. Mudanças climáticas, extremos atmosféricos e padrões de risco a desastres hidrometeorológicos. In: HOGAN, D. J.; MARANDOLA Jr., E. *População e mudança climática*: dimensões humanas das mudanças ambientais globais. Campinas: Nepo, 2009b. p. 53-73.

PAHO - PAN AMERICAN HEALTH ORGANIZATION. *A world safe from natural disasters*: the journey of Latin America and the Caribbean. Washington D.C., 1994.

PARK, C. C. *Environmental hazards*. Hampshire: Macmillan Education, 1993.

PIELKE Jr., R. A.; DOWNTON, M. W. Precipitation and damaging floods: trends in the United States, 1932-97. *Journal of Climate*, v. 13, p. 3625-3637, 2000.

PORTO-GONÇALVES, C. W. *A globalização da natureza e a natureza da globalização*. Rio de Janeiro: Civilização Brasileira, 2006.

QUINN, W. H.; NEAL, V. T. The historical records of El Niño events. In: BRADLEY, R. S.; JONES, P. D. (Ed.). *Climate since A.D. 1500*. New York: Routledge, 2004. p. 623-648.

RIBOT, J. C.; NAJAM, A.; WATSON, G. Climate variation, vulnerability and sustainable development in Semi-arid tropics. In: RIBOT, J. C.; MAGALHÃES, A. R.; PANAGIDES, S. S. *Climate variability, climate change and social vulnerability in the semi-arid tropics*. Cambridge: Cambridge University Press, 1996. 189 p.

RICHARDSON, H. *Life in ancient South America*. New York: Crabtree, 2005.SAN DIEGO STATE UNIVERSITY. *How volcanoes work*. [s.d.]. Disponível em: <http://www.geology.sdsu.edu/how_volcanoes_work/climate_effects.html>. Acesso em: set. 2013.

SANTOS, M.; SILVEIRA, M. L. *O Brasil*: território e sociedade no início do século XXI. Rio de Janeiro: Record, 2003.

SASSEN, S. *Cities in a world economy*. Thousand Oaks: Sage Publications, 2012.

SMITH, K. *Environmental hazards*: assessing risk and reducing disaster. London: Routledge, 2006.

TEIXEIRA, W.; TOLEDO, M. C. M. de; FAIRCHILD, T.; TAIOLI, F. *Decifrando a Terra*. São Paulo: Oficina de Textos, 2000.

THE WORLD BANK. [s.d.]. Disponível em: <http://data.worldbank.org/indicator/NY.GDP.MKTP. CD?order=wbapi_data_value_2013%20wbapi_data_value%20wbapi_data_value--last&sort=asc&display=defaultl>. Acesso em: jan. 2015.

THE world's fastest growing cities and urban areas from 2006 to 2020: urban areas ranked 1 to 100. *City Mayors*, [s.d.]. Disponível em: <http://www.citymayors.com/statistics/urban_growth1.html>. Acesso em: ago. 2013.

THOURET, J. C. Avaliação, prevenção e gestão dos riscos naturais nas cidades da América Latina. In: VEYRET, Y. *Os riscos*: o homem como agressor e vítima do meio ambiente. São Paulo: Contexto, 2007. 319 p.

TOBIN, G. A.; MONTZ, B. E. *Natural hazards*: explanation and integration. New York: Guilford Press, 1997.

UN - UNITED NATIONS. *World population prospects*: the 2011 revision. 2011. Disponível em: <http://esa.un.org/unpd/wpp/unpp/p2k0data.asp>. Acesso em: abr. 2012.

UNAOC - UNITED NATIONS ALLIANCE OF CIVILIZATIONS. *Integration*: building inclusive societies. [s.d.]. Disponível em: <www.unaoc.org/ibis/worldwide/south-america/>. Acesso em: abr. 2012.

UNCTAD - UNITED NATIONS CONFERENCE ON TRADE AND DEVELOPMENT. *Global investment trends monitor*, n. 15, 28 Jan. 2014. Disponível em: <http://unctad.org/en/PublicationsLibrary/webdiaeia2014d1_en.pdf>. Acesso em: jan. 2015.

UNEP - UNITED NATIONS ENVIRONMENT PROGRAMME. *Latin America and the Caribbean atlas of our changing environment*. 2010. Disponível em: <http://www.cathalac.org/lac_atlas/ index.php?option=com_content&view=article&id=73&Itemid=26>. Acesso em: fev. 2012.

UN-HABITAT - UNITED NATIONS HUMAN SETTLEMENTS PROGRAMME. *State of the world's cities 2008/2009*: harmonious cities. London: Earthscan, 2008. Disponível em: <http://mirror.unhabitat.org/pmss/listItemDetails.aspx?publicationID=2562>. Acesso em: set. 2012.

UNISDR - UNITED NATIONS OFFICE FOR DISASTER RISK REDUCTION. *Global assessment report on disaster risk reduction 2011*: revealing risk, redefining development. 2011. Disponível em: <http://www.preventionweb.net/english/ hyogo/gar/2011/en/home/ download.html/>. Acesso em: ago. 2012.

UNISDR - UNITED NATIONS OFFICE FOR DISASTER RISK REDUCTION. Disaster impacts 2010-2012. 2013. Disponível em: <http://www.preventionweb.net/files/31737_201303 12disaster20002012copy.pdf>. Acesso em: abr. 2015.

UNU - UNITED NATIONS UNIVERSITY; IHDP - INTERNATIONAL HUMAN DIMENSION PROGRAMME; UNEP - UNITED NATIONS ENVIRONMENT PROGRAMME. *Inclusive wealth report 2012*: measuring progress toward sustainability. Cambridge: Cambridge University Press, 2012. Disponível em: <http://www.unep.org/pdf/IWR_2012.pdf>. Acesso em: abr. 2013.

USGS - UNITED STATES GEOLOGICAL SURVEY. *Earthquake hazards program*. [s.d]. Disponível em: <http://earthquake.usgs.gov/earthquakes/world/historical_mag_big.php/>. Acesso em: set. 2013.

VAN DER VINK, G.; DIFIORE, P.; BRETT, A.; BURGESS, E.; SPROAT, J.; VAN DER HOOP, H.; WALSH, P.; WARREN, A.; WEST, L.; CECIL-COCKWELL, D. T.; CHICOINE, A.; HARDING, J.; MILLIAN, C.; OLIVI, E.; PIASKOWY, S.; WRIGHT, G. Democracy, GDP and natural disasters. *Geotimes: Earth, energy and environment news*, 2007. Disponível em: <http://www. geotimes.org/oct07/article.html?id=feature_democracy.html>. Acesso em: set. 2012.

VAN MOLLE, M. Natural hazards. In: NATH, B.; HENS, L.; COMPTAN, P.; DEVUYST, D. (Ed.). *Environmental management*: the compartmental approach. Brussels: VUB University Press, 1993. v. 1, p. 305-340.

VÉRAS, M. P. B. A produção da alteridade na metrópole: desigualdade, segregação e diferença em São Paulo. In: DANTAS, S. D. (Org.). *Diálogos interculturais*: reflexões interdisciplinares e intervenções psicossociais. São Paulo: IEA, 2012. Disponível em: <http://www.iea.usp.br/textos/dialogosinterculturais.pdf>. Acesso em: jun. 2012.

WATSON, J. T.; GAYER, M.; CONNOLLY, M. A. Epidemics after natural disasters. *Emerging Infectious Diseases Journal*, v. 13, n. 1, p. 1-5, 2007. Disponível em: <http://wwwnc.cdc. gov/eid/article/13/1/06-0779.htm>. Acesso em: jun. 2012.

WICANDER, R.; MONROE, J. S. *Fundamentos de Geologia*. São Paulo: Cengage Learning, 2009.

WILHITE, D. A. Reducing the impacts of drought: progress toward risk management. In: RIBOT, J. C.; MAGALHÃES, A. R.; PANAGIDES, S. S. *Climate variability, climate change and social vulnerability in the semi-arid tropics*. Cambridge: Cambridge University Press, 1996. 189 p.

WILHITE, D. A. Drought. In: OLIVER, J. E. *Encyclopedia of world climatology*. Dordrecht: Springer, 2005. p. 338-341.

WISNER, B.; BLAIKIE, P.; CANNON, T.; DAVIS, I. *At risk*: natural hazards, people's vulnerability and disasters. Wiltshire: Taylor and Francis, 2005.

ZORZETO, R. Degelo nos Andes. *Revista Fapesp*, n. 206, p. 44-47, 2013. Disponível em: <http:// revistapesquisa.fapesp.br/2013/04/12/degelo-nos-andes/>. Acesso em: jul. 2013.